2035年「ガソリン車」消滅

JN110423

安井孝之

青春新書
INTELLIGENCE

はじめに――あらゆる業界を巻き込む熾烈な〝カーレース〟

自動車業界の動きが目まぐるしい。

「100年に一度の大変革」の波がうねっている。19世紀末にドイツでガソリン車が発明され、20世紀に自動車産業は大きく成長した。ガソリン車の誕生から100年以上たった今、運転手なしでもクルマが走る自動運転やCO_2排出量をゼロにする電動化の開発競争が業界を大きく揺さぶっている。

その大変革には欧米や中国の自動車メーカー、米国の巨大なIT企業も参入し、かつてない競争が進行中だ。「生きるか死ぬか」という物騒な言葉が自動車メーカーの経営者の口から飛び出すほどの危機感も漂う。そこに地球温暖化をストップさせようとする世界的な「脱炭素」への動きが加わり、自動車業界の競争をさらにヒートアップさせた。

日本政府も2020年秋に2050年までにCO_2排出量を実質ゼロにする「カーボンニュートラル」の実現を宣言した。それを受けて2035年に純粋なガソリン車の新車販売を禁止することが決まった。それ以降は国内でHV（ハイブリッド車）やEV（電気自動車）、ＦＣＶ（燃料電池車）などしか売ることはできず、新車販売市場からガソリン車は姿を消す。

　日本経済を支える大きな柱である自動車産業は、今後20～30年の間、大きな変革期を迎え、事業構造を一新させなければならない。自動車産業に関わる５５０万人といわれる人たちへの影響は計り知れない。

　その変化は自動車産業にとどまらない。

　カーボンニュートラルは私たちの生活全般を見直し、人類が２００年にわたって燃やし続けた化石燃料を使わない暮らしの実現を意味する。すべての産業と私たちの生活を大きく変える21世紀の産業革命が起きようとしている。

「ガソリン車」の消滅はその一コマではあるが、とても重要な一コマである。人やモノを移動するモビリテイは、インターネットがいくら発展しても人類のリアルな生活にはなくてはならない存在だ。

　大変革には痛みを伴う。だが今始まったカーボンニュートラルへの挑戦は、地球温暖化をストップし、私たちの生活のグリーン化を目指している。また同時に進行するクルマの自動運転は「交通事故死ゼロ」と高齢になっても自由にどこでも移動できる社会を実現するポテンシャルを持っている。そんなワクワクする「理想の未来」への新しいカーレースが始まったのだ。

この本では現在進行中のカーレースの現状と課題を紹介するとともに、２０５０年の「カーボンニュートラル」のゴールに向けてどのように歩んでいけるのか、どんな道がより望ましいかを考え、指し示す。また私たちの生活がどのように変わるのかもわかりやすく説明することを心がけた。自動車の電動化について「ＥＶ派vs反ＥＶ派」といった極端な二項対立で論じる向きがあるが、この本では丁寧に論述することに注力した。

新聞やテレビなどの日々の報道だけでは自動車産業の電動化やカーボンニュートラルの本質を知ることは難しい。それは断片的な内容が多いからだ。この本を書くにあたっては目の前で起きている事実を大づかみに理解することを目指した。

自動車産業の未来と私たちの暮らしの行く末の正しい姿を知りたいと思う人たちの一助にこの本がなってくれれば幸いである。

2035年「ガソリン車」消滅　目次

第3章　EV化で後れをとる日本メーカーの秘策は?
―歩先行く中国、米国、欧州……グーグル、アップルも参戦

DTP・図版作成／クリエイティブ・コンセプト

第1章

ガソリン車の寿命は、あと10余年？

「2035年、100%電動化」の衝撃

1 「カーボンニュートラル」という号砲

黒のミニバン「アルファード」が東京・霞が関の経済産業省の駐車場にゆっくり乗り入れた。小春日和の暖かい陽射しが注ぐ2020年11月26日のことだった。後部座席に座っていたのはトヨタ自動車の豊田章男《とよだあきお》社長。新型コロナウイルスの感染拡大が起きてからは東京に姿を見せるのはめっきり少なくなっていた。

その豊田社長が向かったのは経済産業省の別館にある資源エネルギー庁。保坂伸《ほさかしん》・同庁長官との面談だった。もともとはトヨタの寺師茂樹《てらししげき》取締役と保坂長官との意見交換の場だったが、そこに豊田社長が急遽、加わった。資源エネルギー庁長官に自動車メーカーの社長が直々に会うのは極めて珍しいことである。

●危機感がトヨタ社長を動かした

日本の四輪車、二輪車メーカーが集まる日本自動車工業会の会長でもある豊田社長の慌ただしい動きは自動車業界の危機感の表れでもあった。

豊田社長がここ2、3年、口癖のように繰り返す「１００年に一度の大変革」が世界の自動車産業を揺り動かしている。電動化や自動運転の進展で新興勢力が自動車業界に乗り込んできて、「生きるか死ぬか」の競争が激しくなっているためだ。

自動車産業に新たに参入してきたプレーヤーの代表格はＧＡＦＡ《ガーファ》（グーグル、アップル、フェイスブック、アマゾン）と呼ばれる巨大ＩＴ企業。ＡＩなどの最先端技術を駆使する自動運転分野に触手を伸ばしてきたのだ。電気自動車の分野では米国テスラや中国「比亜迪（ＢＹＤ）」などのベンチャー企業が相次いで名乗りを上げた。

米国テスラの時価総額はすでにトヨタを大きく上回る。グーグルやアップルは年間1兆円超のトヨタの研究開発費の約2倍のお金を研究開発に投じ、自動運転技術を磨いている。世界最大規模のトヨタでも10年後、20年後、安泰でいられるかは分からない時代に入っている。

そこにさらに「カーボンニュートラル」という難題が突然、現れた。

２０２０年9月に首相に就任した菅義偉首相が10月26日の所信表明演説で「２０５０年カーボンニュートラル、脱炭素社会の実現を目指すことを、ここに宣言いたします」と表明した。それが自動車産業を揺るがす新たな号砲となった。

「カーボンニュートラル」は一般的にはあまり聞きなれない言葉だろう。簡単に説明する。

カーボンは炭素のこと。地球温暖化を招いているとされる温室効果ガスのうち最も量が多いのが二酸化炭素（CO_2）である。このCO_2は植物などが吸収してくれるのだが、その吸収量を人間活動などのCO_2排出量が上回ると、大気中のCO_2はどんどん増えていく。「カーボンニュートラル」は、植物などのCO_2吸収量と人間活動などの排出量とを同等に、つまりニュートラルにしてCO_2排出量を「実質ゼロ」にするという政策だ。

産業革命以降、石炭や石油など化石燃料を燃やして人類は成長してきた。化石燃料は何億年という時間の中で炭素を含んだ動植物の死骸から生まれた燃料だ。その化石燃料を燃やすと億年単位で閉じ込められていた炭素が大気にCO_2として大量に放出される。

その結果、CO_2排出量は地球上に生える植物の吸収量を上回ってしまい、温暖化が進んだ。カーボンニュートラルという政策は、化石燃料を燃やして排出されるCO_2をゼロにし、植物のCO_2吸収量と同等にすることで地球温暖化を食い止めようというものだ。

18世紀半ばから19世紀にかけて起きた産業革命は、石炭利用が始まったエネルギー革命であった。それ以降、人類は化石燃料を燃やし、経済成長を続けてきた。カーボンニュートラルは産業革命以来のエネルギー革命であり、新たな産業革命ともいえるものだ。

ガソリンや軽油を燃やして走る自動車は、この１００年の間増え続け、温暖化を招いてきた。カーボンニュートラルは、過去１００年の間、CO_2を排出してきた自動車産業に対して２０５０年までに排出量をゼロにするよう大変革を迫っている。菅首相のカーボンニュートラル宣言は自動車業界をまさに直撃したのだ。

●クルマの電動化を促す「カーボンニュートラル」

ガソリンを燃やさず、CO_2を出さないクルマといえば、すぐに思いつくのが電気自動車（ＥＶ）だ。クルマに積んだ電池に電気を充電し、その電気でモーターを動かして走るので走行中にはCO_2を出さない。カーボンニュートラル宣言をした政府もＥＶに目をつけ、ＥＶ普及を本格的に推進しようとしたのが２０２０年10月以降のことだった。

カーボンニュートラルを実現するために政府が急ごしらえでつくろうとしていた実行計画案が11月に入って豊田社長のところにも漏れ伝わってきた。

実行計画案の中に「この10年間は電気自動車の導入を強力に進め……」と書かれていた。しかも「２０３０年代半ばまでに電動車１００％を目指す」というくだりもある。

「電動車はEVだけではない。EVの導入だけを強力に進めるというのは問題ではないか」とトヨタなどメーカー側は政府の動きに不満を感じた。

特にトヨタにはハイブリッド車（HV）というエコカーを世界で初めて量産化した自負がある。HVは、純粋に電動のモーターだけで走るEVと違って、ガソリンエンジンと電動のモーターの両方を搭載し、燃費を良くしたエコカーだ。ガソリンだけで走るエンジン車よりもCO_2排出量を大きく減らせる。現時点で、CO_2排出削減にはなくてはならないクルマである。そんな思いを抱く自動車業界には政府がEVばかりを遮二無二増やそうとしているようにみえた。CO_2排出削減のためには電動化が必要だが、電動車はEVだけではない。HVもそうだし、燃料電池車（FCV。後述）などの別のタイプの電動車もある。

「電動化＝EV化」ととらえ、EV化を直ちに進めていくことには問題点があると、豊田社長は危機感をもった。

その理由をかいつまんで説明する。詳しくは第2章で書く。

CO_2排出量で一般的に使われるのは自動車の走行時に排出される数字だ。しかし人間活動全体のCO_2排出量を「実質ゼロ」にしようとするカーボンニュートラルに取り組むときに重視されるのは、自動車ならば走行時だけではなく、ガソリンなどの燃料の採掘から精製、クルマの製造などすべての段階で排出されるCO_2を合計する「ライフ・サイクル・アセスメント（ＬＣＡ。第2章で詳述）」という考え方である。

日本自動車工業会がＩＥＡ（国際エネルギー機関）の「Global EV Outlook 2020」のデータを基にＬＣＡで電動車両を比較すると、今の日本の電源構成ではＥＶの方がＨＶよりもCO_2排出量は多くなるという。

ＥＶを製造する際には大量の電池を製造しなければならない。その段階でエネルギーをＨＶよりも多く消費するからだ。日本の電源構成は東日本大震災以降、原子力発電の稼働が減って、化石燃料を燃やす火力発電の比率が8割程度に高まり、発電時のCO_2排出量も増えている。走行時にCO_2を排出しないＥＶだが、トータルでみると、現時点ではＨＶよりも低炭素ではないといえる（60ページ図表2－4、61ページ図表2－5）。

日本で大量の電気が必要なＥＶを走らせながらCO_2排出量を減らすには再生可能エネルギーによる発電量を増やす必要がある。そのため自動車業界は「カーボンニュートラルを実現するには自動車業界の取り組みだけではなく、国家のエネルギー政策の大改革なしには達成できない」と主張する。だからこそ実行計画案づくりが大詰めになった段階で、豊田社長が資源エネルギー庁の保坂長官のところにまで足を運び、業界の主張を訴えたのである。

そのほかにも、自動車業界はいくつかの点で懸念を持っていた。①2030年代半ばに100％電動化するクルマにHVは入るのか？ ②100％電動化の対象には軽自動車や商用車（バスやトラックなど）は入るのか？ ③2030年代半ばとはいつか？ などであった。

最終的には電動車にHVも入り、安堵したものの、軽自動車は電動化の対象になり、商用車の扱いは2021年夏までに結論を出すことになった。

「2030年代半ば」は2021年1月の通常国会での菅首相の施政方針演説でこれまた突然、「2035年に100％電動化」が確定した。ガソリン車が販売できなくなる日が2035年に到来することになったのだ。

日本の戦後の経済成長は自動車産業などの製造業が発展したことが大きく貢献した。21世紀に入り、日本にもGAFAのようなハイテク企業の誕生が期待されてはいるが、その実現には程遠い。一方、コロナ禍でも堅調に輸出を維持し、雇用を増やしているのは自動車産業である。今も自動車産業が日本を支える主要産業であることは否定できない。

そんな日本の基幹産業を直撃する政策が、菅政権の誕生後、突然、コロナ禍の下で浮上したのはなぜだろうか。カーボンニュートラルが宣言された経緯を振り返りたい。

●なぜ菅首相は突然、カーボンニュートラルを宣言したのか

安倍政権を２０２０年9月16日に引き継いだ菅義偉首相は、10月26日の所信表明演説で「２０５０年カーボンニュートラル」を宣言した。菅首相が9月の総裁選の際や首相就任後に訴えたのは携帯電話料金の引き下げやデジタル庁の創設などで、カーボンニュートラルには全く触れていなかった。

菅首相を長年取材してきたある政治記者は「菅さんの口からカーボンニュートラルという言葉を聞いた覚えはない。地球温暖化問題やエネルギー問題にはおよそ関心は見られなかった」と所信表明演説に驚いた。

もちろん昨今の温暖化の進行は肌感覚で実感することが多い。夏には40度に迫る猛暑日が普通になった。熱帯地域のスコールのようなゲリラ豪雨が温帯地域の日本でも頻発し、台風も巨大化した。今、地球温暖化を食い止めないと、人類がこの地球で持続的に生きることはできないのではないかという危機感は募るばかりだ。「２０５０年カーボンニュー

トラル」はそんな危機感からの宣言だったともいえる。

●不意を突かれた「低炭素」から「脱炭素」への大転換

菅政権の政策決定は地球温暖化問題を考えれば当然なことではあったが、あまりに予期せぬ政策だったので、永田町の政界も産業界もメディアも不意を突かれた。

国内では不意を突かれたが、国際的にはカーボンニュートラルの潮流は広がっている。2015年末にフランスで開かれたCOP21（気候変動枠組条約第21回締約国会議）で採択されたパリ協定（2020年以降の気候変動に関する国際的な枠組み）を受けて、2050年までのカーボンニュートラルには先進国ばかりか、121か国＋1地域がすでに国際公約としている（経産省資料）。

従来、日本政府は2050年時点でCO_2排出量を現行から80％減とすることを2016年に閣議決定し、カーボンニュートラルについては「21世紀後半のできるだけ早い時期」に実現することを目標としていた。これはパリ協定を受けた決定である。つまりこれまで日本は「低炭素社会」を目指していたのであり、50年以降も少しはCO_2を排出してもよい、という目標だった。その中途半端な姿勢が温暖化防止に向けて高い目標を掲げる国々からは批判の的にもなっていた。

だが今回は大きく踏み込んで「脱炭素社会」を目指すことになった。CO_2を減らす「低」からゼロにする「脱」への大転換である。０は何倍にしても０である。０か１の違いは１か１００の違いよりも質的に大きい。それが政権内でさしたる議論もなく、突然、目標が前倒しとなった。よくいえばトップダウンの最たるものである。

菅首相がカーボンニュートラルに向けて動き始めたのはいつだろうか。

日本経済新聞の政治記者、清水真人編集委員が興味深い記事を書いている。「小泉環境相が見た首相決断『脱炭素』へのルビコン」（日経電子版２０２０年12月８日）によると、９月25日に小泉進次郎環境相が菅首相と会い、「50年脱炭素をぜひ宣言すべきだ」と訴え、27日には年金積立金管理運用独立行政法人（ＧＰＩＦ）の前最高投資責任者の水野弘道氏が菅首相と会い、「脱炭素」を説いた、という。

水野氏はＥＳＧ（環境・社会・企業統治）に取り組んでいる企業への投資を従来、説いてきた人物である。そして水野氏にはもう一つの顔がある。

菅首相と会談する５か月前の２０２０年４月23日、水野氏は米国のベンチャー経営者であるイーロン・マスク氏が率いるＥＶメーカー、テスラの社外取締役に就任していた。３

月末でＧＰＩＦを退任し、テスラの社外取締役に転じていたのだ。

社外取締役就任を伝えるテスラのニュースリリースは「持続的なエネルギーへの世界的な転換を加速させるというミッションの実現に向けてヒロ（水野氏の呼び名）がメンバーに加わったことに我々は興奮している」と締めくくっていた。

水野氏はテスラ社外取締役の就任から２週間後の５月７日に経産省参与にも就任した。参与とは非常勤の国家公務員で、水野氏は経産省に環境政策に関して助言することになった。日本の自動車メーカーとはライバル関係にあるテスラの社外取締役が日本政府の政策決定に影響力をもつ立場に就いたのだ。

さらに菅首相は10月６日午前に、安藤久佳《ひさよし》・経産次官と中井徳太郎・環境次官と会い、カーボンニュートラルについて協議。同日、午後の経済財政諮問会議では中西宏明・日本経済団体連合会（経団連）会長（当時）がグリーン経済の実現のために経済界は「２０５０年カーボンニュートラル」を目指すと提言した。

９月末から10月初めに向けて、菅政権は「２０５０年カーボンニュートラル」に舵を切り始めたといえる。

中西経団連会長が率先して「カーボンニュートラル」を提言したのはこれまでの経済界

の立場とは大きく異なる。従来の経済界の立場は、急激な低炭素、脱炭素への政策は企業負担を大きくすると基本的には反対の姿勢だった。それなのに10月6日の諮問会議には悪性リンパ腫で治療中の中西会長がわざわざ入院先の病院から官邸に足を運ぶという力の入れようだった。

経団連幹部は「中西会長はグローバルなカーボンニュートラルへの動きを肌身で感じ、従来型の経済界の対応では日本は置いてきぼりになり、日本への投資が減ってくるのではないかと危惧している」と解説する。中西会長は、環境配慮型の経済へのシフトはむしろ海外からの資金を呼び込み、経済成長への足掛かりになると考え、10月の諮問会議にカーボンニュートラルの提言に踏み切ったのだ。

この間の経緯を振り返ると、カーボンニュートラルへの政策転換のきっかけをつくったのは小泉環境相と水野氏の進言だったとみられ、経団連の中西会長の提言が菅首相の背中を最後に押したのは間違いない。

そうした動きにすばやく乗ったのが経産省だった。

●カーボンニュートラルは安倍政権の「置き土産」

「菅政権のカーボンニュートラル政策は安倍政権の置き土産です」

ある経産省OBはそう指摘する。その解説によると、安倍政権の政策決定の中心にいた経産省出身の今井尚哉《たかや》・元内閣総理大臣補佐官はEU（欧州連合）のカーボンニュートラルを目指す環境政策の急展開をみて、日本が取り残されかねないと危惧したという。

米国のトランプ大統領が2020年秋の大統領選で再選すれば、世界が環境政策で大きく変わることはない。だが民主党のバイデン氏が大統領になれば大きく政策が変更され、環境保護政策が進むとみられていた。もしもバイデン新大統領がカーボンニュートラルの実現を表明すれば、先進国では日本だけが置いてきぼりにされかねない。日本も準備をしなくてはならないと今井氏は考えていたという。

今井氏の出身母体である経産省は安倍政権の次の政策の「弾込め」を着々と進めていった。可能ならば安倍晋三首相に2020年9月に予定されている国連演説で「カーボンニュートラル」を表明してもらうというシナリオもあったという。

経産省官僚の思惑は太陽光発電や風力発電などの再生可能エネルギーを大胆に増やし、エネルギーのグリーン化を実現するという単純なものではない。東日本大震災後、稼働がままならない原子力発電を動かしたいという思いも込められていた。発電時にCO_2を排出しない原発の活用は、カーボンニュートラルを実現するための口実に使えるからだ。

だが、安倍晋三首相が8月末に「持病の潰瘍性大腸炎の再発」で辞任する意向を表明してしまった。安倍政権のもとでカーボンニュートラルの実現を目指そうとした今井氏らの計画は頓挫した。

菅政権が10月に入り、カーボンニュートラルへと動き始めたのをみた経産省は再起動する。10月上旬にはすでに分厚い原案ができていた。

●政権浮揚策でもあった？

そのころ菅政権には政権浮揚策が必要だった。就任直後で支持率は高かったが、新型コロナウイルスへの対応のまずさや菅首相の発信力の弱さもあり、支持率は早くも低下気味だった。10月末の所信表明演説で国民やメディアの目を引く新たな政策が欲しかった。

米国の大統領選では民主党のバイデン氏の優勢が伝えられ、大統領に就任すれば公約の「2050年までにカーボンニュートラルを目指す」は米国の国際公約となる可能性が高まっていた。中国の習近平国家主席は9月22日の国連総会のビデオ演説で「2060年までにカーボンニュートラルを実現するよう努力する」と語り、国際協調を前面に押し出した。日本はカーボンニュートラルで中国にも先を越されてしまった。

菅政権にとってカーボンニュートラルは「グリーン成長戦略」という新たな成長戦略を打ち出す政策になりうるもので、政権浮揚策として期待できるものだった。

●カーボンニュートラルの理想と現実

経団連は２０２０年12月15日に「経済界の決意とアクション」と題して、「環境は事業活動や国民生活の基盤であり、サステイナブルな社会の実現は経済界の最大の関心事である。『気候危機』が叫ばれる中、気候変動問題の解決に真摯《しんし》に取り組む方針を総理が内外に示されたことは英断である」と前向きに評価した。

しかし産業界の受け止めは複雑だ。たしかに世界の投資家は環境や社会、企業統治に配慮したＥＳＧ投資を増やしている。地球温暖化対策に消極的な政府や企業に対する投資は減らされかねないので、産業界も表面的にはカーボンニュートラルに反対しづらい。

だがCO_2を大量に排出している鉄鋼業界などの個別企業にしてみれば、大幅な排出削減はコスト増となり成長の足かせになってしまう。地球規模の気候変動に素早く手を打たねばならないことは理解できるが、企業が効果ある対策にすぐに着手するのは難しい。「あと30年で本当に可能なのか?」「新たなコストアップ要因を抱えて企業経営が成り立つのか?」などという疑問の声は産業界に根強くある。CO_2の排出を削減し、地球温暖化対策に積極的に取り組み、世界からのグリーン投資を呼び込みたいという「理想」。その実現には相当の努力が必要だという「現実」。その二つのギャップをどう埋めることができるのか。

その悩みを同じように抱えたのが自動車業界であった。

2　急展開をみせた電動化目標

●クルマの走行時に排出されるCO_2は日本全体の16%

菅首相が2020年10月26日に国会の所信表明演説で「2050年カーボンニュートラル」を宣言し、その2か月後の12月25日に政府は「2050年カーボンニュートラルに伴

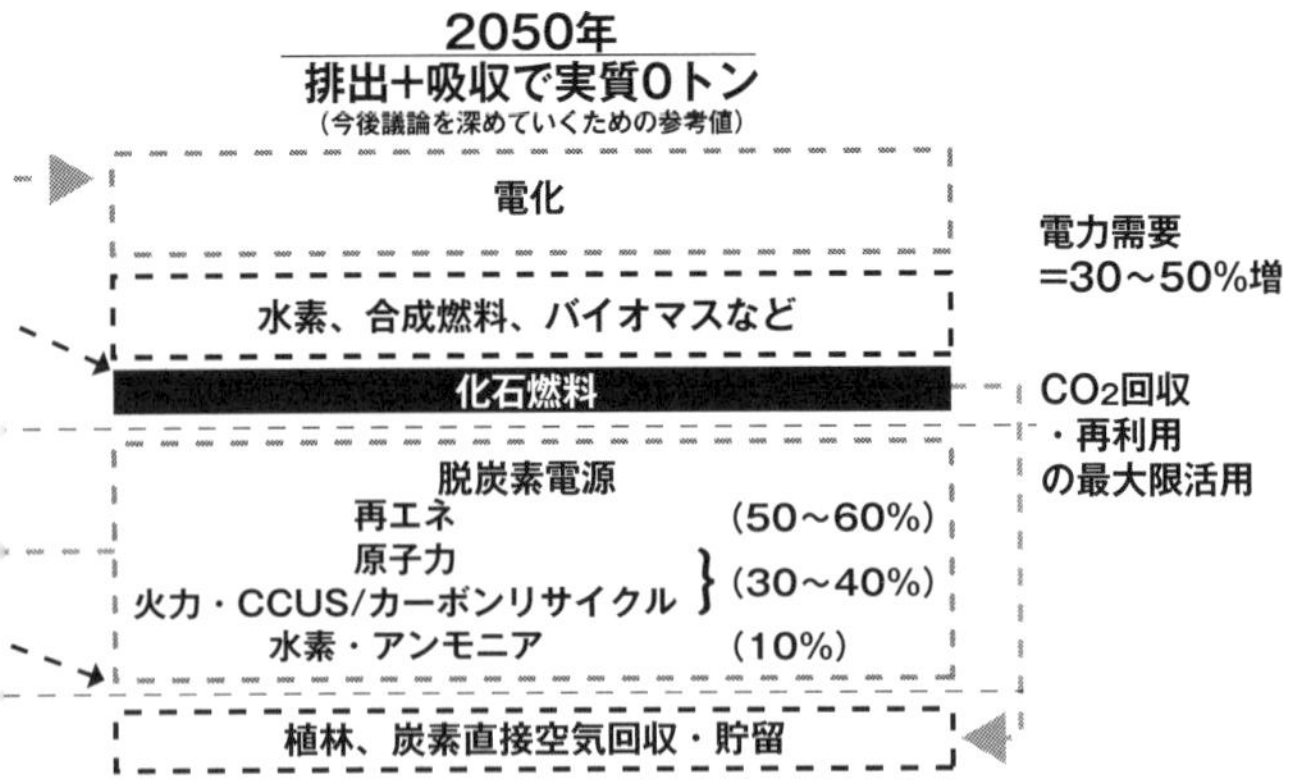

政府のグリーン成長戦略より

うグリーン成長戦略」を発表した。2か月という短期間でまとめた多岐にわたる産業の2050年までの実行計画案だった。

グリーン成長戦略によると、国内のCO_2排出量は10億6000万トン（2018年）。そのうちトップが電力発電から排出される4億5000万トンで、産業部門の3億トン、運輸部門の2億トン、家庭などの民生部門の1億1000万トンと続く（図表1－1）。自動車から排出されるCO_2は運輸部門の86%を占め、日本全体の16%程度だ。

カーボンニュートラルを実現するにはそれぞれの分野で「実質ゼロ」にしなくてはならない。決して自動車業界など産業界だけの取り組みではなく、一人ひとりの消費者も脱炭

（図表1-1）　2050年カーボンニュートラルへの道筋
～CO_2排出量の推移

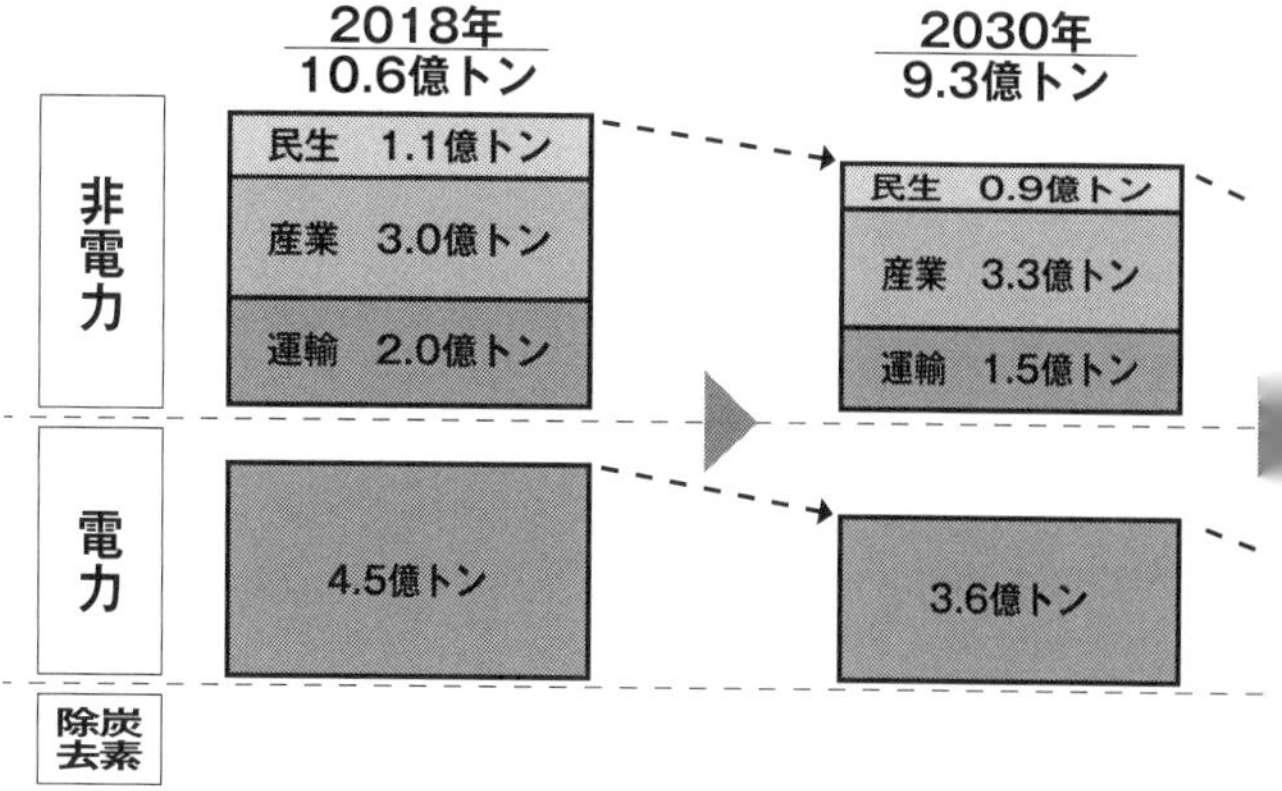

素の生活に向けて努力しなければならないのがカーボンニュートラルだ。

運輸部門はCO_2排出量がピークだった２００１年の２億６０００万トンからほぼ20年間でエンジンの燃費改善が進んで約20％減った（図表１－２）。それをこれから30年間でゼロを目指すというのだから、減少スピードはこれまで以上に加速しなければならなくなった。

自動車分野でどのように実現するのか。そのキーワードが「電動化」であるのは確かである。ガソリンに代表される炭素（Ｃ）を含んだ化石燃料を内燃機関、いわゆるエンジンで燃やして動力にしている限り、CO_2を出してしまう。エンジン以外の動力源として考

（図表1-2） 運輸部門における二酸化炭素排出量の推移

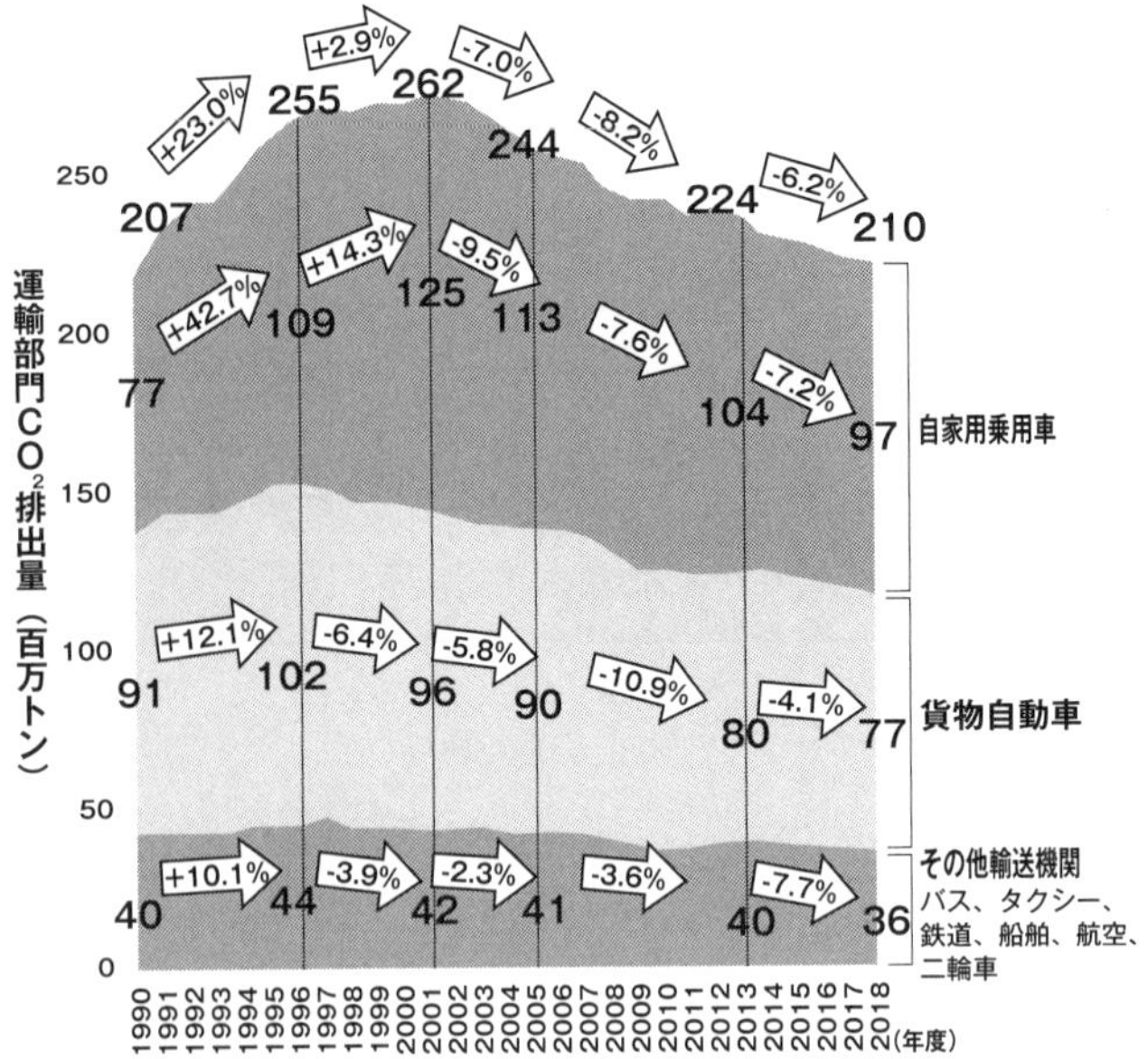

国土交通省資料より

えられるのは、電気で動くモーターである。カーボンニュートラルを目指す限り、電気で動かすクルマを増やさなければならない。

第2章で詳しく書くが、電動車には電池に充電した電気だけでモーターを動かす電気自動車（EV）、動力源としてエンジンとモーターの両方をもつハイブリッド車（HV）、HVに外からの充電機能を付けたプラグインハイブリッド車（PHV）、水素から燃料電池を使って電気を生み出しモーターで走る燃料電池車（FCV、FCはフューエル・セルの頭文字）のおもに4種類がある。

それぞれに長短があり、EVとFCVは走行時にCO_2を排出しないが、HVとPHVはガソリン車よりは少ないがエンジンで化石燃料を燃やすのでCO_2を排出する。現在の普及率が高いHVを走らせながら「低炭素」を進め、2050年に向けてEVやFCVを増やして「脱炭素」を目指すという2050年までの「電動化目標」をつくる必要がある。

2020年12月の「2050年カーボンニュートラル」宣言を受けて、日本政府は電動化目標として「2035年までに乗用車新車販売で電動車100%を実現できるよう包括的な措置を講じる」という実行計画を策定した。商用車の扱いは2021年夏までに決めるが、乗用車の新車販売に限れば、2035年に日本からガソリン車は消えることになる。

●2018年時点ではゆるやかだった電動化目標

実は日本にはすでに電動化目標があった。

2018年に経産省が設置した「自動車新時代戦略会議」（以下、戦略会議）が策定した電動化目標である。2015年に採択された「パリ協定」を受けたものである。日本は2016年、2030年までにCO_2を26%減（2013年度比）とし、2050年には

80％減（同）を目指すと閣議決定した。その目標を達成するための電動化目標が戦略会議で議論されたのだ。

戦略会議のメンバーは豪華だった。自動車メーカーのトップが参加し、豊田章男・トヨタ自動車社長を始めとして、西川廣人《さいかわひろと》・日産自動車社長（当時）、八郷隆弘《はちごうたかひろ》・本田技研工業社長（当時）、丸本明《まるもとあきら》・マツダ社長らと学識経験者が集まった。経産省が声をかけ、業界のコンセンサスを得ながら電動化目標を策定する場であった。

そのときの電動化目標は２０５０年に乗用車分野でＥＶ、ＨＶ、ＰＨＶ、ＦＣＶの４種類の電動車を１００％にするというもの。途中の２０３０年には電動車などの次世代自動車（クリーンディーゼルを含む）を50〜70％、ガソリン車とディーゼル車（燃料は軽油）の従来車を30〜50％にするというマイルストーンも設定されていた。戦略会議が２０１８年につくった電動化目標は期限が２０５０年という30年を超える長期目標だったので、国際的にも野心的な目標だと受け止められた。

戦略会議がまとめた文書には「日本は、自動車の環境性能向上について、世界トップレベルの技術力や経験等を有する立場として、温暖化対策の節目である２０５０年に向けて、日本国内における排出削減だけでなく、日本車の環境性能向上を通じた長期ゴールを世界に掲げ、積極的に世界をリードしていく」と書き込んだ。

日本の自動車業界はガソリン車の環境性能は高く、ＨＶ、ＰＨＶ、ＦＣＶの技術は世界をリードしている。ＥＶについても普及は遅れ気味ではあるが技術的には世界最高水準だ。自動車産業には巨大ＩＴ企業が乗り出し、中国などの成長も著しく、競争環境は大きく変化する恐れはあるが、現時点でも日本の自動車産業が大きく競争力を失っているわけではない。

だが２０１８年につくられた目標では２０５０年時点でカーボンニュートラルは実現しない。２０１８年時の電動化目標はCO_2排出量の80％削減、つまり「低炭素」を目指していたからだ。２０５０年時点でも乗用車ではＨＶやＰＨＶ、商用車ではクリーンディーゼルといったエンジンを搭載し、ガソリンや軽油を燃やすクルマが走る前提だった。

●「CO_2排出ゼロ」という異次元の目標

ところが２０５０年に「脱炭素」を目指すカーボンニュートラルを目標にするとなると事態は大きく変わる。「CO_2排出を少なくすればいい」から「CO_2をゼロにする」という異次元の目標となる。菅政権が２０２０年10月末に「脱炭素」を宣言したことで、

2018年に策定した電動化目標を見直さざるを得なくなった。

しかも菅政権の宣言から年末のグリーン成長戦略の策定までには2か月しかなかった。そのため経産省の自動車課が中心となって日本自動車工業会やおもな自動車メーカー、学識経験者らと個別に意見交換しながら実行計画案の内容が詰められたという。いつどこで誰がどんな意見を政府に伝え、実行計画案が決まりつつあるのかがみえにくい状態だった。

そんな政府の素早い動きに自動車業界は身構えた。冒頭で紹介したように豊田社長が資源エネルギー庁長官などと面談したのはちょうどそのころだった。

12月を前にして、「2030年代半ばに100%電動化」、つまり「2030年代半ばにガソリン車・ディーゼル車はゼロ」という方針が固まりつつあった。2018年の戦略会議で「2050年に100%電動化」を目標としていたが、それが10年以上も前倒しになったわけだ。また2030年にガソリン車などの従来車を30~50%にするという目標も、2030年代半ばまでにゼロにするという内容だった。

こうした内容はカーボンニュートラルを念頭に欧州に広がる電動化目標を下敷きにしたものだった。

経産省の資料によると、例えば英国はガソリン車・ディーゼル車などエンジンを搭載したクルマの販売を２０３０年に禁止し、すべてを電動化する。ただＨＶは２０３５年まで販売できるが、それ以降は販売禁止となる。フランスはエンジン車の販売を２０４０年に禁止（ＨＶの扱いは不明確）、ドイツには国の目標はないが、連邦参議院が２０３０年にエンジン車の販売禁止を決議した。

トランプ政権時代には地球温暖化対策に消極的だった米国にも国の目標はないが、環境保護政策に積極的なカリフォルニア州は２０３５年にＥＶとＦＣＶの電動車１００％を目指す。バイデン政権になった米国ではカリフォルニア州と同じような動きが広がる可能性がある。アジアをみると中国には国の目標ではないが自動車エンジニア学会が２０３５年に全車電動化（ＨＶ50％、ＥＶ・ＰＨＶ・ＦＣＶ50％）を発表し、実質的な国家目標となっている。

主要先進国やＥＶ政策を強く進めている中国などでは、２０３０年代にガソリン車などエンジンを積んだ自動車の販売は禁止されるという潮流が広まっている。中国のようにＨＶを容認する国もあるが、その他の国ではＨＶの容認派は少ない情勢だ。ＨＶは日本の競争力がある技術だけに、主要国で進むＨＶを除く電動化の潮流に日本政府には乗ってほしくはないという思いが自動車業界にはあった。

●急激なＥＶ化はCO_2削減にはマイナス？

「電動化＝ＥＶ化」ではなく、現時点でＥＶを急激に増やすとCO_2排出削減に対してマイナスになるかもしれない、という自動車業界の主張は、政府の実行計画案に十分反映されたわけではない。「この10年間は電気自動車の導入を強力に進め、電池をはじめ、世界をリードする産業サプライチェーンとモビリティ社会を構築する」との記述は残った。

もちろん日本メーカーもＥＶの導入を目指し、技術開発を進めている。日産自動車は２０１０年に電気自動車「リーフ」を量産メーカーとしては世界初で売り出し、ＥＶ化にはもっとも積極的な動きを見せている。ホンダは２０２０年10月に国内では初となる電気自動車「Ｈｏｎｄａ ｅ」を発売した。また最もＥＶ開発に遅れているとみられていたマツダがＳＵＶ（スポーツ・ユーティリティ・ビークル）のＥＶとして「ＭＸ－30」を２０２１年1月に発売した。

このように日本メーカーがＥＶ導入に全面的に反対しているわけではないが、現時点での極端なＥＶ化の推進は、火力発電の比率が高い国内の電源構成を考えれば、CO_2排出削減にはマイナスになりかねないと主張しているのだ。

3　自動車関連産業550万人の仕事はどうなる？

新型コロナウイルス感染拡大の第3波が年末から押し寄せ、２０２１年の年明けは多くの国民が初詣や帰省を自粛せざるを得なかった。好きなときに好きなところに行けず、好きな人にも会えない不自由さを痛感した２０２１年の年明けだった。

その元旦に配られた全国紙などの朝刊には、見開き2ページにわたって「私たちは、動く。」という広告が掲載された。新年のテレビＣＭでは自動車メーカーや販売店、自動車整備会社、ガソリンスタンドで働く人たちの様子を映した「私たちは、動く。」の動画が流れた。1月2、3日の箱根駅伝のＴＶ中継の際にもこのＣＭは流れていたので、覚えている方も多いだろう。

新聞広告もテレビＣＭも日本自動車工業会（自工会）と日本自動車部品工業会、日本自動車車体工業会、日本自動車機械器具工業会、日本自動車販売協会連合会の5団体が7億円をかけて共同で制作した。自工会会長の豊田章男・トヨタ自動車社長が主導した企画だった。

●「550万人」に込められた想い

その狙いを豊田社長は自工会の動画で、「昨年（2020年）は、世界中の人々が、『自由に移動する』ことができないということを経験しました。同時に、『移動できることのありがたさ、幸せ』を実感した年でもあったと思います。さらに、もう一つ、私たちの『移動』は多くの仲間によって支えられているということに気づかされた年でもありました」と語った。そうした想いを新聞広告やテレビCMに込めたというのだ。

コロナ禍で買い物に行けない人たちがアマゾンなどの通販で商品を買い求めた。家まで届くのは自動車のお陰であり、運送業者のお陰である。自動車の製造から販売、整備、運送・バス・タクシー、ガソリンスタンド、保険業など自動車に関わっている就業者数は「550万人」になる。日本で働く人の10人に1人が自動車産業に関わっている勘定になり、自動車ユーザーと自動車産業関連企業が納める税金は15兆円に上るという（自工会調べ）。

コロナ禍でも昨年夏以降、国内販売や輸出が堅調な自動車販売が日本経済を下支えしているのは事実である。「私たちは、動く。」と宣言することで、「これからも日本経済のために一肌脱ぎます」と意思表明したといえるのだ。

自工会の動画では、豊田社長は菅政権の「２０５０年カーボンニュートラル」についても触れた。「カーボンニュートラルの実現に向けて全力でチャレンジしたい」と語ったうえで、こう注文した。

「これは、『すべての自動車が電動車になればいい』という単純な話ではありません。むしろ、その自動車を生産するために使われる電気。その電気をつくるときに出るCO_2の量を減らすことが大変重要になります。だからこそ、みんなが一緒になって、カーボンニュートラルを実現する道筋を考え、そして、国家をあげて取り組むことが大切だと思っております」

カーボンニュートラルの実現に向けては全力で取り組むが、その道筋を間違ってほしくない、という指摘である。すでに書いたように現時点でＥＶばかりを増やしてはCO_2排出量が増えかねず、「脱炭素」はおろか「低炭素」にもならないのは事実である。

豊田社長の発言は、２０５０年という30年先に実現するカーボンニュートラルには全面的に賛成するものの、目の前の２０２０年代を前提に考えれば、ＥＶ化に偏った電動化の推進には懐疑的な見方を示している。２０５０年に向けた電動化のマイルストーンづくりを慎重にしてほしいという政府への注文である。

それは、もしもマイルストーンを間違えれば「550万人」の雇用を抱え、日本経済を下支えしている自動車関連産業が大きな打撃を受ける――という危機感から出た注文だった、と筆者は考える。

●100万人単位の雇用が失われかねない……

電動化が進めば、ガソリンエンジンなどの内燃機関を前提にした部品供給量は減っていく。一台のクルマには3万点という部品が使われる。もしもEVになればその3分の1の部品がEV向け部品に置き換わる。その分、従来の雇用は減ってしまう。

カーボンニュートラルの実現に向けて、電動化の動きが加速すれば、これまでの自動車産業を支えていた部品・素材メーカーは苦境に陥りかねない。

年始の「550万人」を強調した自動車業界の広告は、日本経済における自動車産業の重要性を訴えるとともに、カーボンニュートラルの実行も「550万人」に十分配慮したものにしてほしいという訴えでもあったとみていいだろう。

自動車業界の中にはカーボンニュートラルの実行計画しだいで「100万人単位の雇用

が失われかねない」という声も出ている。自動車メーカーばかりか街の至る所にあるガソリンスタンドや整備工場も影響を受ける。

政府が２０２０年12月にまとめた「グリーン成長戦略」には「カーボンニュートラルを実行するには、並大抵の努力ではできない。産業界には、これまでのビジネスモデルや戦略を根本的に変えていく必要がある企業が数多く存在する。他方、新しい時代をリードしていくチャンスでもある」と実現に向けた厳しさと新たな可能性の両論が書き込まれた。世界的な電動化への速い動きに個別企業の立場で歩調を合わせられればよいが、歩みが遅ければ滅んでいく。

19世紀末にガソリン車が発明され、その後、欧米を中心に１００社を超える自動車メーカーがひしめき合った。だが１００年後の今では淘汰されたり、合従連衡《がっしょうれんこう》を繰り返したりした。

その結果、乗用車メーカーは世界で30社余りに減ったものの、産業としては大きく成長してきた。再び今、新規参入企業も含めて熾烈なレースが始まった。

カーボンニュートラルの衝撃は自動車産業ばかりか全産業が受けるものだ。２０５０年までには再生可能エネルギーに関わる新しい企業群が生まれたり、クルマの電動化をきっかけとして新しいモビリティサービスが誕生したりする。それに伴い私たちの生活も大きく変貌していくはずだ。その変化は新産業革命といっていいだろう。

次章以降でその行方を探っていく。

第2章

ハイブリッド車（HV）・電気自動車（EV）・燃料電池車（FCV）……

一番いいエコカーとは何か？

1　EVだけがエコカーではない

エコカーを評価するのは案外難しい。まず環境技術がどう発展するかが分からない。画期的なイノベーションが起こり、これまで不可能だったことができるようになることもある。レコードがCDやMDになり、しばらくは光磁気ディスクで音楽を聴く時代だろうと思っていたら、インターネットの発展で音楽をダウンロードして聴く時代となった。この20年ほどのデジタル化のスピードはすさまじい。

そのデジタル技術の波が電動化という形で自動車産業にも押し寄せている。変化のスピードが増し、将来は見通しにくい。

●一本道ではない「脱炭素」への道

自動車産業の場合、国のエネルギー政策の影響も強く受ける。電気が豊富に発電できる国はEVをどんどん走らせても電力需給に支障を招くことはない。それに対し、電気不足の国はＥＶを走らせようと思っても難しい。ましてや２０５０年にカーボンニュートラルを目指しているのだから発電時にCO_2を出さないクリーンな発電所が多いか少ないかは重要な要素だ。

発電所における脱炭素をどのように目指すかという選択肢も多岐にわたる。水力、風力、太陽光、地熱といった再生可能エネルギーの何をどう活用するのか、化石燃料を燃やさない原子力発電を使うのかどうか、国ごとに判断は異なるだろう。東日本大震災で未曾有の原発事故を起こした日本の場合、原子力発電を今後、どう位置付けるかは２０５０年のカーボンニュートラルに向けて大きな論点になる。

このようにどのエコカーが一番いいかは、いつの時点で考えるのか、どの国で考えるのかで正解は異なってしまう。自動車産業が「脱炭素」というゴールにたどり着くまでの道のりは単純な一本道ではないのだ。

「脱炭素」＝電動化という方向がメインストーリーではあるが、ガソリン車のような内燃機関を使ってクルマを走らせても「脱炭素」を実現できないかという取り組みもある。政府が２０２０年12月にまとめた「グリーン成長戦略」では、燃料のカーボンニュートラル化が盛り込まれ、２０５０年以降も内燃機関の選択肢を残した。

どういうことかというと、ガソリンの代わりに、発電所や工場から出るCO_2と水素を反応させる「合成燃料（e-fuel）」や、トウモロコシなど植物からつくる「バイオ燃料」を利用する方法だ。化石燃料ではないので内燃機関で燃やしてクルマを走らせてもCO_2は増えない。成長戦略では、合成燃料生産の大規模化や画期的なイノベーションなどで2050年にはガソリン価格以下のコストを実現することを目標にした。

●ガソリンに代わる合成燃料の実現可能性は？

現在の合成燃料の開発状況は「実験室段階」で、大規模なプラントで製造するという段階ではない。最大手の石油会社ENEOSの長期計画によると、2022年に日量159ℓ、2025年に日量1万5900ℓ、2030年以降に日量159万ℓを目指す。その生産量は現在のガソリン需要量と比較すると、2030年代初めでも合成燃料のシェアは1％程度だ。この数字をみる限り、とてもガソリンに置き換われる代物ではない。

2050年までのどこかの時点で合成燃料の普及が進めば、現在議論が加速している電動化にも大きな影響を与えるが、合成燃料の実現可能性は不透明なので、この本では詳しくは論じない。

そうなると、自動車のカーボンニュートラルを目指すとすれば、電動車を増やし、走行時のCO_2排出量を減らし、最終的にはゼロにする必要がある。重要なのは、どのような電動車をどのように増やしていくか。その正しい道筋をみつけ、歩んでいくことができるかどうかが大切だ。もちろん電動車を選ぶのは消費者なので、政府や自動車メーカーだけですべて決められるわけではないが、カーボンニュートラルの実現までにどんな選択肢があるかを検討しておかねばならない。

まずこの章では、ＥＶ（電気自動車）、ＨＶ（ハイブリッド車）、ＰＨＶ（プラグインハイブリッド車）、ＦＣＶ（燃料電池車）の概略を説明し、そのメリットとデメリットを考える。

４種類の電動車のことを最近では「ｘＥＶ」と表記することがある（注：この本では電動車の表記を一般的に広まっているＥＶ、ＨＶ、ＰＨＶ、ＦＣＶを使う）。ＥＶは「ＢＥＶ」（Ｂはバッテリー〈電池〉のＢ）、ＨＶは「ＨＥＶ」（ハイブリッドのＥＶ）、ＰＨＶは「ＰＨＥＶ（プラグインハイブリッドのＥＶ）、ＦＣＶは「ＦＣＥＶ」（燃料電池〈フューエル・セル〉のＥＶ）という具合だ。いずれもモーターでクルマを動かすＥＶと同じ機能を備えている。電気を蓄えたり、発電したりする方法の違いやエンジンを搭載しているかどうかの違いだ。現在は大括りすると、この４種類の電動車がある。

●電動車に共通する「コア・システム」

4種類の電動車は図表2－1で分かるように、「モーターとバッテリー、PCU（パワーコントロールユニット）」という共通したコア・システムからできている。

日本で今一番数多く走っている電動車であるHVは、コア・システムにエンジンを加えたものだ。通常はエンジンの動力でHVは動く。

HVがエンジン車に比べてエコなのは、減速時にエンジン車ではブレーキの摩擦熱として大気に放出してしまうエネルギーを「回生ブレーキ」という仕組みを使って回収しているからだ。自動車が減速しているときも車輪は回転している。その回転エネルギーをモーターに伝えるのがミソだ。

モーターは実は二つの逆の機能を持つ。電気を流すと軸が回るのはモーターの基本的な機能だ。逆に軸の方を回すと「発電機」として働き、電気を生み出すことができる。自転車のライトを灯《とも》すためにタイヤの回転で発電機が電気をつくっているのを思い浮かべていただければ分かりやすい。つまり減速時の回転エネルギーをモーター（発電機）が電気に変え、その電気をバッテリーにためる仕組みが「回生ブレーキ」だ。

（図表2-1）　電動車に共通するコア・システム

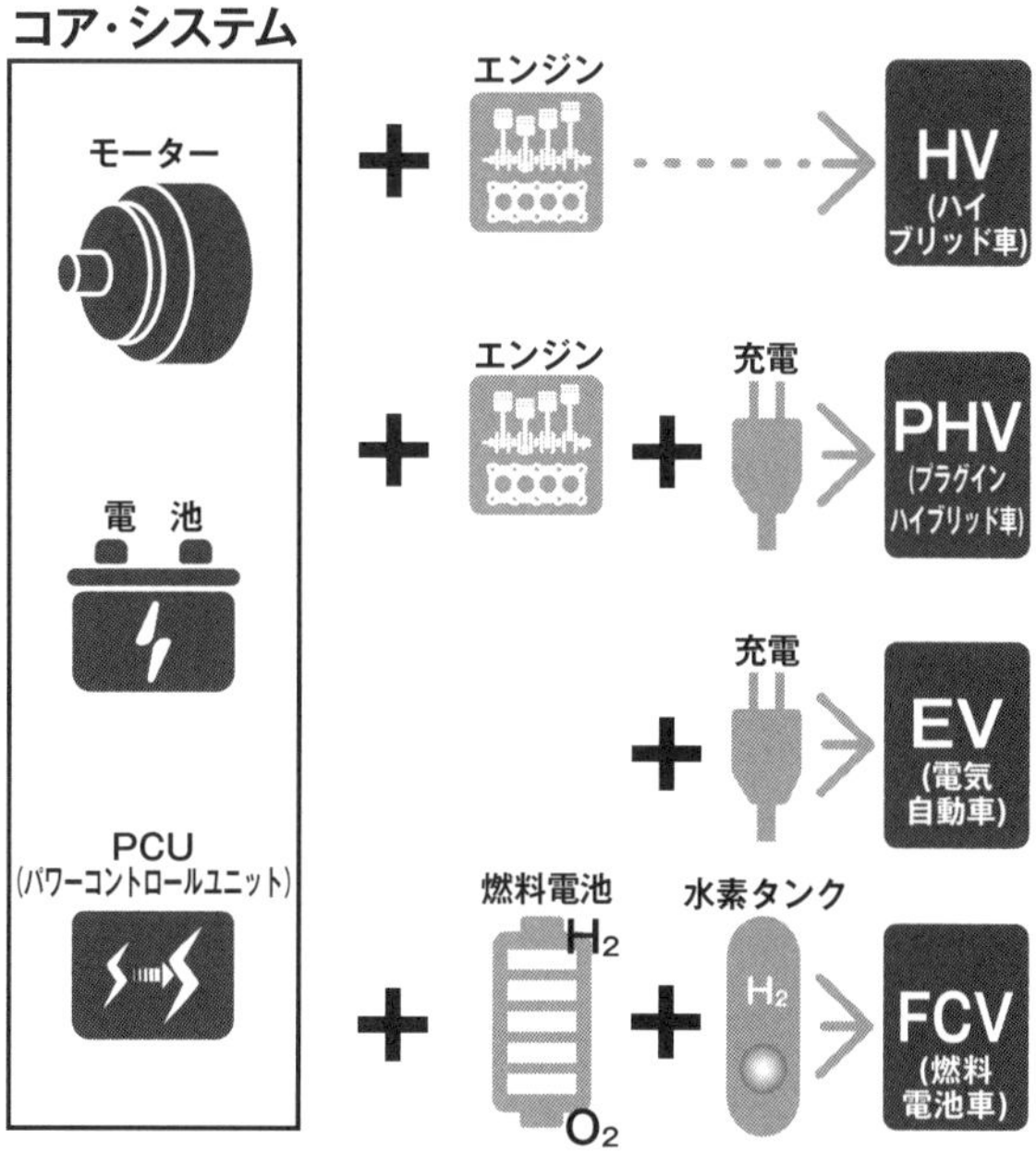

エンジン車が減速時に大気に放出するエネルギーを、ＨＶはバッテリーにためて再利用できるのだ。その電気で低速時や加速時にモーターを動かしてエンジンをサポートするので、ガソリンの消費量を減らすことができる。この複雑な動きを制御するのがインバーターとパワー半導体などで構成されるＰＣＵで、重要な技術である。

ＰＨＶはＨＶに充電装置をつけて、家庭の電源や充電ステーションでバッテリーに充電できるクルマである。減速時に「回生ブレーキ」を使って電気をためるＨＶに対し、ＰＨＶは電気を直接充電するため、搭載するバッテリーは大容量になる。またモーターだけで動くＥＶ走行もできるようにＨＶよりも高出力のモーターが搭載されている。

ＰＨＶはＥＶ走行もできるので走行時のCO_2排出量はＨＶよりも少ない。だがバッテリーやモーターが大きくなるため、価格は高くなる。

ＥＶは一番簡単な構造だ。コア・システムに充電装置をつけただけである。ＥＶでも回生ブレーキを使って、エネルギーを無駄なく使う必要がある。効率よくＥＶを動かすにはコア・システムの善し悪しに左右される。トヨタやホンダなどＨＶが得意な日本勢が「ＨＶで培った技術はＥＶでも生きる」とアピールするのはこのためである。

かつて「究極のエコカー」と呼ばれたＦＣＶは、コア・システムに燃料電池と水素タンクを加えたクルマ。燃料電池は水素を入れて、電気をつくる装置である。

水の電気分解を思い出してほしい。水に電気を流すと水素と酸素に分解する。その逆の反応が燃料電池の中で進む。タンクの中の水素と空気中の酸素が反応し、電気と水が生まれる。その電気を使ってモーターを動かすのがＦＣＶ。ＦＣＶでも「回生ブレーキ」が使われ、より効率的にエネルギーを使っている。

●世界のＥＶシフトが進む中で、ＨＶが伸びる日本

4種類の電動車が日本ではどのように乗られているのか。

２０１９年をみると、新車販売台数（４３０万台）のうち、ＨＶが34・2％、ＥＶが0・49％、ＰＨＶが0・41％、ＦＣＶが0・02％の順で合計は約35％だった。日本では圧倒的にＨＶのシェアが高い。１９９７年にトヨタが「プリウス」を世界初のＨＶとして発売した。その後ホンダなどが追随し、ＨＶ技術は日本メーカーのお家芸となった。

発売当初はＥＶやＦＣＶが登場するまでの「中継ぎ」とみられた時期もあったが、ＥＶやＦＣＶの欠点を補う「現実解」として消費者に選ばれたといえる。

4種類の電動車を合わせた電動化率が35％の日本は、世界でみると、トップのノルウェー（電動化率68％）に次いで2位。それに3位アイスランド（27％）、4位イスラエル（21・8％）、5位オランダ（21・3％）と続き、16位英国（9・6％）、20位ドイツ（7・3％）、24位フランス（7・1％）、29位中国（6・2％）となっている（IHS Markit 調べ）。電動化率では日本はＨＶの存在が寄与して世界トップレベルを走っている。

一方、ＥＶ走行が中心のＥＶとＰＨＶとを合わせた狭義の電動車について分析すると、

日本の立ち位置はずいぶん異なってくる。

ＩＥＡ（国際エネルギー機関）の「Global EV Outlook 2020」によると、２０１９年には前年比６％増の２１０万台のＥＶ・ＰＨＶが販売され、累計販売台数は７２０万台に達したという（図表２－２）。累計販売台数では中国が47％のシェアでトップを走り、欧州（33か国）で24％、米国が20％、その他12か国（日本、韓国、カナダ、インド、ブラジル、タイなど）が９％と続く。

２０１０年の段階ではＥＶ・ＰＨＶは全世界で１万７０００台に過ぎず、１０００台以上保有されていたのは日本、中国、米国、英国、ノルウェーの５か国だけだった。10年ほど前には日本はＥＶ・ＰＨＶでも世界有数の地位を占めていたが、今では「その他12か国」として扱われている。

２０１９年には20か国で、ＥＶ・ＰＨＶの新車販売シェアが１％を上回ったというのに日本は０・９％にとどまる。ＥＶ・ＰＨＶという狭義の電動車に限れば、日本は中国や米欧に大きく後れをとっている。

ＥＶやＰＨＶは同じ車格のＨＶやガソリン車に比べて、購入補助金を入れても50万～１００万円程度高い。現時点では価格面の競争力は弱い。ＥＶに限ればシェアが伸びない

（図表2-2）　世界の電動車（EV+PHV）の保有台数の推移

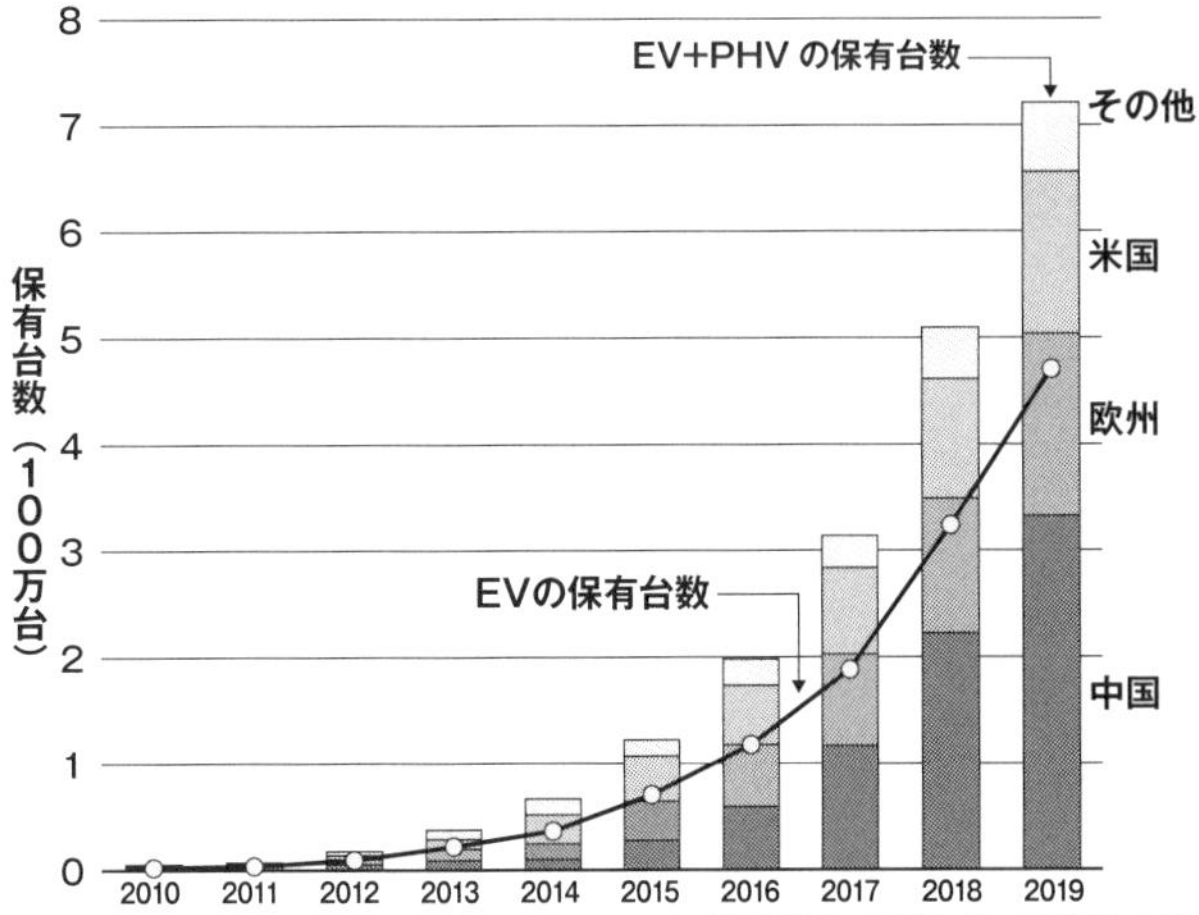

「IEA Global EV Outlook2020」より

理由は、フルに充電して走れる距離がガソリン車やＨＶに比べて短いことや充電時間が長いこと（急速充電でも20～30分）、充電ステーションの少なさなどがあげられる。

ＦＣＶのシェアが少ないのも同じで、トヨタの新型ＭＩＲＡＩ（ミライ）の価格は７００万円を超え、一般の消費者にはなかなか手が届かない。水素ステーションの数は２０２０年度末に全国で１６０カ所にとどまる。全国どこでも気軽にＦＣＶに水素を入れられるわけではない。

ＥＶやＦＣＶの日本の現状は、①クルマの数が増えないので量産効果が出ず、価格が下がらない。価格が下がらないのでクルマが売れない。②クルマの数が増えないので充電、水素ステーションが増えない。ステーションが増えないからクルマが売れない、という悪循環が続いている状況なのだ。

●「現実解」としてのHV

こうしたEVやFCVの欠点は日本以外の国でも同じである。それなのに日本が欧米・中国に比べてEVの増加スピードが遅いのはなぜだろうか。

日本の自動車メーカーはHVを「現実解」として評価してきたため、現時点では欠点もあるEVへのシフトを積極的に進めなかったのだろう。「EVの走行距離や充電時間の長さを考えると、EVの商品性は低い」という声を複数メーカーの開発担当者からよく聞いた。消費者がHVを選択してくれているのに、あえてEVを市場投入する必要はないと自動車メーカーが判断してきた結果として、これまで日本ではEVシフトが起きなかったといえる。

それに対して欧米や中国のメーカーはHV技術で日本に出遅れたため、電動化の潮流が加速した今、一気にEVへとシフトし、主導権を握ろうとしているのだ。

多くの国がカーボンニュートラルという目標を掲げた結果として、電動化の中でも走行時のCO_2がゼロになるEVやFCVに本格的に取り組まなければいけない状況に追い込まれた。特に日本はEVの導入に限れば、欧米や中国に比べて遅れが際立つためか、最近はEVを巡る議論に焦点が当てられがちだ。

だが忘れてならないのは、電動化がカーボンニュートラルという目標を実現するための手段であり、EVはその手段の一つにすぎないということだ。カーボンニュートラルを実現するための手段として4種類の電動車を考えるとき、それぞれの電動車にはどんな特性があるのかを改めて考えてみる。

2　走行時のCO_2排出量だけでは現実を見誤る

●どの段階の排出量まで含めるか、が重要

第1章の18〜19ページで少し触れたが、自動車のCO_2排出規制を考えるときに図表2-3のように3つの考え方がある。現状の燃費規制は車両の走行時のCO_2排出量を規制

するもので、「Tank to Wheel（タンクから車輪）」と呼ばれる。Tank to Wheel でみれば、HVのCO_2排出量はガソリン車に比べて52％に減る。ほぼ2倍の燃費向上である。EVやFCVは走行時にCO_2は排出しないから、Tank to Wheel はゼロだ。走行時だけを考えればEVやFCVはHVよりも圧倒的にエコである。

自動車に関するCO_2排出量を比べるときに対象をもう少し広げたのが「Well to Wheel（油井《ゆせい》から車輪、EVの場合は発電所から車輪）」。Tank to Wheel に「Well to Tank（油井からタンク、EVの場合は発電所からバッテリー）」を加えたものだ。

Well to Wheel でもCO_2排出量は、HVの場合ガソリン車の52％に減る。これは全世界でほぼ共通である。EVに関してはやや事情が異なる。EVは走行中のCO_2排出量がゼロなのは世界共通だが、発電段階をみると国ごとに大きく異なる。電源構成が違うからだ（図表2－4）。

中国やインドのように火力発電の比率が高ければ、発電段階のCO_2排出量が増え、ノルウェーのように水力発電が大半の国ではCO_2排出量はほぼゼロになる。

Well to Wheel でみると、図表2－4のようにEVは多くの国でHVよりもCO_2排出量が減るのだが、中国とインドではHVよりも排出量が増えてしまう。

（図表2-3）　CO_2排出量の評価方法は３つ

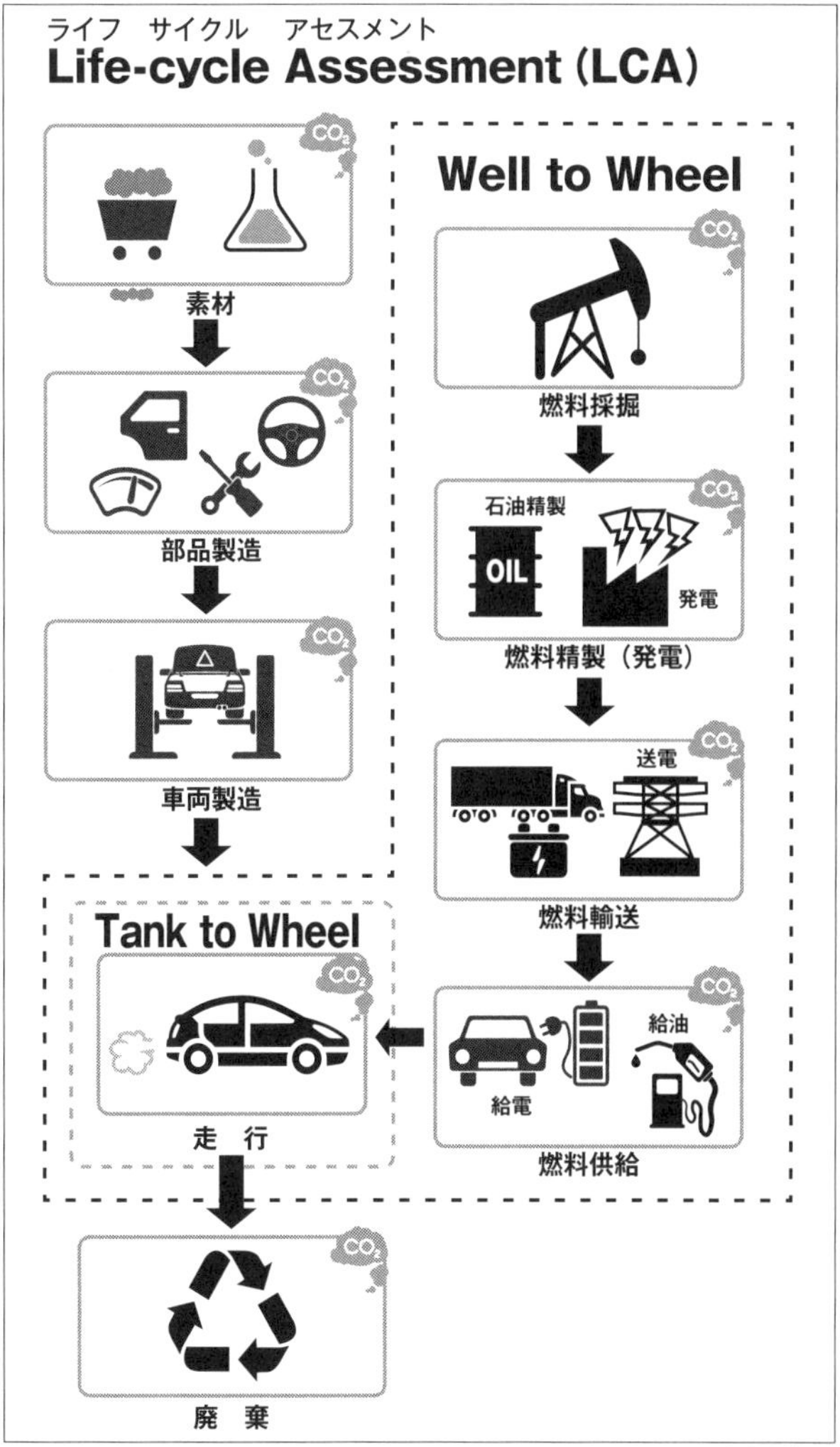

環境省資料より

（図表2-4） “Well-to-Wheel” でみた各種自動車の CO_2排出量の評価

区分	車種		時点（石炭火力比率）	$[gCO_2/km]$	換算指数
全世界共通	ガソリン車		2015年	132	100 ガソリン車
全世界共通	ハイブリッド車		2015年	69	52 ハイブリッド車
国の発電状況によって異なる	電気自動車	日本	2015年（32%）	59	45 日本
国の発電状況によって異なる	電気自動車	日本	2010年震災前（26%）	47	36 日本
国の発電状況によって異なる	電気自動車	日本	2030年想定値（26%）	41	31 日本
国の発電状況によって異なる	電気自動車	米国	2015年（34%）	49	37 米国
国の発電状況によって異なる	電気自動車	EU	2015年（26%）	34	26 EU
国の発電状況によって異なる	電気自動車	ドイツ	2015年（44%）	49	37 ドイツ
国の発電状況によって異なる	電気自動車	フランス	2015年（2%）	5	4 フランス
国の発電状況によって異なる	電気自動車	英国	2015年（23%）	37	28 英国
国の発電状況によって異なる	電気自動車	ノルウェー	2015年（2%）	1	1 ノルウェー
国の発電状況によって異なる	電気自動車	中国	2015年（70%）	82	62 中国
国の発電状況によって異なる	電気自動車	インド	2015年（75%）	96	73 インド
国の発電状況によって異なる	電気自動車	タイ	2015年（19%）	67	51 タイ

経済産業省　自動車新時代戦略会議　中間整理〈2018年8月〉より

●注目される新たな指標

CO_2排出規制で最近になって重要視されているのが、第1章でも触れたLCA（ライフ・サイクル・アセスメント）という考え方である。

特にすべての人間活動によるCO_2排出量を実質ゼロにするカーボンニュートラルを目指す際にはなくてはならない視点だ。自動車産業ならば製造段階からゼロにしなければ実現できない。

どんな種類の電動車が走行時だけではなく製造段階でもエネル

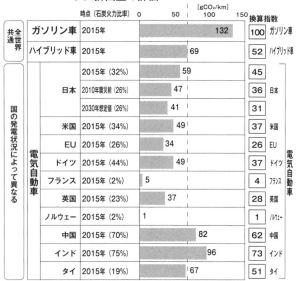

（図表2-5）LCAで評価すると
日本ではCO_2排出量はEV>HV

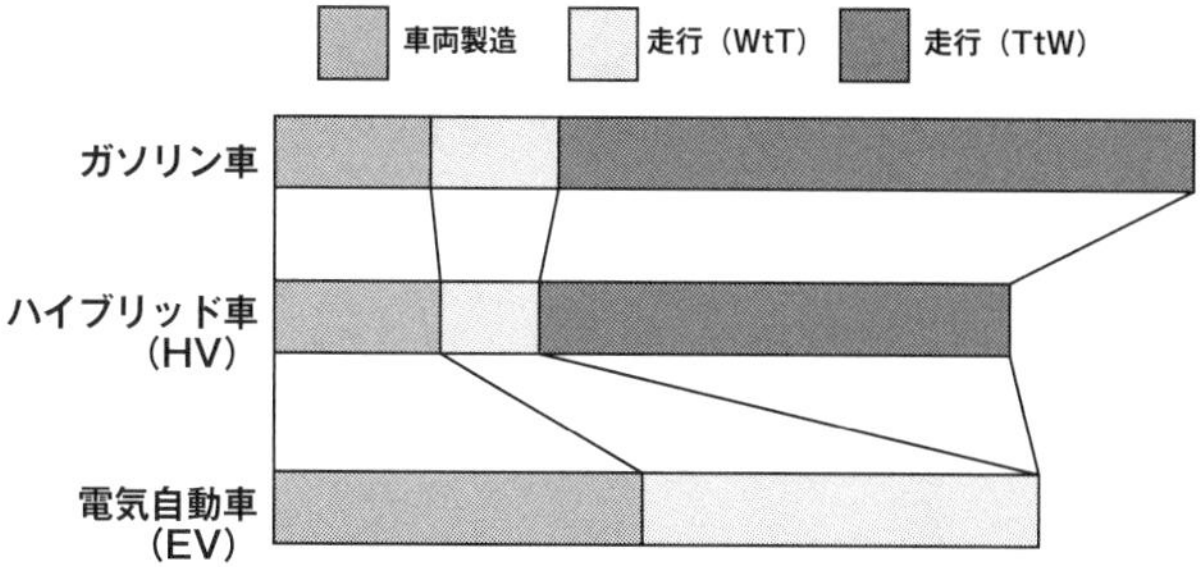

日本自動車工業会の資料を筆者が加工

ギーをあまり使わずにつくれるかを考慮に入れて、選択肢を検討しなければならないのだ。

図表２－５はＩＥＡ（国際エネルギー機関）の資料（Global EV Outlook 2020）のデータを基にして日本自動車工業会が２０１７年の日本のケースを試算したもの。この試算によると、ＥＶを製造する際に必要なエネルギーはＨＶやガソリン車の２倍を超えている。それを加味したＬＣＡで比較すると日本ではＥＶの方がＨＶよりも$ＣＯ_2$排出量は多い。ＥＶに搭載される大量のリチウムイオン電池を製造する際に大量の電気が必要だからだ。

日本においてＬＣＡでＥＶがＨＶよりもエコな自動車になるには、太陽光や風力といった再生可能エネルギーを使った再エネ発電や原子力発電が増えて、発電所が排出する$ＣＯ_2$を減らさねばならない。日本の発電システムのグリーン化は避けて通れない。日本自動車工業会の会長でもあるトヨタの豊田社長がカーボンニュートラルについて「国家のエネルギー政策の大改革なしには達成できない」と訴えるのはこうした理由からだ。

●電源構成が変われば「最適解」も変わる

ただこの試算は現時点での日本の電源構成を前提にしたものだ。この前提が変われば話はまた別だ。

再エネ発電が増え、電力部門からのCO_2排出量が減ってくると、EVの車両製造段階とWell to TankのCO_2が減り、どこかの時点でEVがHVよりもエコになる。日本の電源構成が変わるとともに、カーボンニュートラルを実現するための電動車の最適な選択肢も変わっていくのだ。

どのエコカーを選択すればいいのかを考える際には、どの時点で考えるかという時間軸と電気を発電する電源構成という2つの変数が存在する。だからこそ選択肢は一本道ではない。

日本の選択肢としては現時点ではHVが最適かもしれないが、時間軸を先に進めると、どこかの時点でＥＶやＰＨＶの方がエコになっていく。現在は正しいと思える自動車業界の主張も将来は説得力を失う恐れがある。ベストといえるエコカーはそれぞれの時点、国・地域によって異なってくるからだ。そのことがクルマの電動化議論を混乱させ、複雑にしている。

3 それでもトヨタがＨＶにこだわる理由

これまでみてきたように自動車の電動化に関して日本の発展形態は、米国や欧州、中国などの主要市場に比べてかなり様子が違う。日本は大きくＨＶに軸足を置き、ＥＶは少ない。ところがこの５年ほどで、他の国や地域はＥＶが急速に増えており、増えていない日本は特殊な国だと受け止められている。

日本が異質であり、特殊だといわれるとき、よく「日本はガラパゴスだ」と否定的に話されることが多い。自動車の電動化をメディアやアナリストらが語るとき、「ＨＶばかりが普及し、ＥＶが少ない日本はガラパゴスだ。このままでは衰退してしまうのではないか」と予測しがちだ。あるいは「世界的な潮流はＥＶ化。その流れに乗っていかないと滅びてしまう」という言説もよく聞かれる。

それらは制度や規範、ルール、商品にグローバルスタンダードやデファクトスタンダード（事実上の標準）が生まれるように、自動車の電動化も一つに集約されるのではないかと考えられているからだ。

ところが自動車の電動化の場合、国の電源構成の違いによって、最適な解は違うことは前述した通り。カーボンニュートラルに向かって世界中が同じ手段で取り組むことは必ずしも正しくはない。ここではＨＶを今、どう評価すればいいのかを考えてみたい。

●トヨタが世界で初めてＨＶを生み出した経緯

経団連会長にもなった奥田碩《おくだひろし》氏が１９９５年に社長になるまでのトヨタは「石橋を叩いても渡らない」といわれるほど、何事につけても慎重な社風だった。そのトヨタがなぜ世界に先駆けてＨＶを市場に送り出すことができたのだろうか。

少し昔話になるが、１９９７年末に誕生したＨＶ「プリウス」を振り返る。

「21世紀に間に合いました」。プリウスが誕生したときの宣伝文句である。発売日12月10日の翌日の11日、地球温暖化防止京都会議（ＣＯＰ３）で京都議定書が採択された。プリウスが環境問題を解決する申し子のような存在になったのは極めて自然なことだった。

プリウスはＣＯＰ３と連携するような形で世に出たが、実は開発担当者らはＣＯＰ３を目標にしていたわけではない。開発の原点は１９９３年９月。当時の豊田英二名誉会長（２０１３年死去）らが立ち上げた「Ｇ21プロジェクト」だった。「21世紀に提案できるクルマをつくろう」という英二名誉会長の思いで始まったものである。

Ｇ21のリーダーだったのが現トヨタ会長の内山田竹志氏。94年秋にまとめた企画案では99年末までにガソリンエンジンの改良と新型変速機を開発することで燃費を1・5倍にするという内容だった。歴史の長いエンジン開発は成熟した技術分野だとみられていた。そのため、1・5倍という目標も期限内に量産車をつくるには「挑戦的な内容」と内山田氏らは考えていた。

だが豊田英二名誉会長ら経営陣は「1・5倍」に満足はしなかった。当時の開発担当の和田明広副社長は「燃費目標を2倍にせよ」と強く指示した。「もっと挑戦せよ」という厳命だった。

開発担当者らは計画を大きく見直さざるを得なかった。ガソリンエンジンの改良では1・5倍の燃費向上が限界である。２倍にするには全く異なる仕組みが必要になった。

当時、すでにＦＣＶは研究されていたがあと数年で量産車をつくれる可能性はなかった。可能性があるのは、減速時にエンジン車では大気中に捨てていた熱エネルギーを電気エネルギーに変えて回収する「回生ブレーキ」を使うことだった。エネルギー損失が減るので燃費はさらに上げられる。しかも回生ブレーキは電車などでも使われている技術で、全く手つかずのものではなかった。

自動車でも内燃機関のエンジンと電動モーターの両方を搭載するアイデアは昔から試されていた。米国人技術者Ｈ・パイパーがガソリンエンジンのパワーアップを狙ってモーターを搭載する特許を１９０５年に出願したのが最初だという。当時はCO_2削減が狙いではなく、パワーアップが狙いだった。その後も欧米のメーカーが様々な形で開発に乗り出したが、量産化するには至っていなかった。

ＨＶの開発はトヨタとしては初めてだが、何とか21世紀までに量産化は可能だと判断し、ＨＶの開発に大きく舵を切った。

ＨＶの開発が決定されたのが95年6月。発売時期はＧ21の設定目標99年末を1年前倒しして98年末とした。ところが決定後の8月に社長に就任した奥田氏が「もう1年前倒ししろ」と言い出した。

開発陣は日本メーカーだけでなく外国メーカーもHVの開発を進めていることはわかっていた。「2番手では意味がない。世界初の量産化を実現しよう」と前倒しを受け入れた。とはいえ自動車にエンジンとモーター、バッテリーを搭載するのはトヨタとしては初めてだ。モーターもバッテリーもトヨタはつくったことがない。電機メーカーやバッテリーメーカーが得意な分野であり、トヨタにはノウハウはあまりない。HVの開発は困難を極めた。

開発陣の奮闘があって、プリウスの発売日は京都で開かれたCOP3の最終日、97年12月10日になんとか間に合ったが、その日にトヨタの高岡工場（愛知県豊田市）で量産が始まるという滑り込みセーフという状況だった。

もしもG21の開発目標が「燃費を1・5倍」のままだったら、トヨタはHVを97年末に発売してはいない。高性能のガソリン車を発売しただけである。目標を「2倍」にした経営陣の、いわば「どた勘」の判断のお陰だといえる。

同じころHVを開発中だったホンダは「お客さんに買っていただけるまでのコストダウ

ンは難しい」と判断し、HVよりもガソリン車の燃費向上の方に力を入れていた。ホンダはトヨタから2年近く遅れて99年9月にHV「インサイト」を発売し、2番手を悔しがった。

この経緯は筆者が朝日新聞の記者をしていた2008年に「変転経済」という連載の中で書いた。その取材の中で元ホンダ社長の吉野浩行相談役（当時）は「燃費目標を2倍にしたのは絶妙だね。確かに1・5倍ではHVには目がいかない。もしも目標がもっと高くて3倍だったら手も足も出ない」と話した。

トヨタが世界初でHVを発売できたのは、開発陣の努力の賜物ではあるが、そこに関わった人たちの将来を見据えた目標設定の妙味だったともいえる。

●「中継ぎ」だったはずのHVが……

プリウスは一躍、エコカーの代表選手として注目を浴び始めた。2000年代に入り、2代目プリウスが発売されると米国ではレオナルド・ディカプリオらハリウッドスターが乗り始め、ステータスシンボルになった。まるで10年ほど前にテスラのEVを米国のセレブたちが乗り始めたようなブームとなった。

HVはエコカーの象徴のような立場となったが、当時はEVや究極のエコカーと呼ばれていたＦＣＶが登場するまでの「中継ぎ」だと見られていた。しかし、予想は大きく外れた。「究極のエコカー」といわれたＦＣＶや過去から存在したＥＶが利便性のあるエコカーになるにはなお時間がかかったからだ。

例えばＥＶのバッテリーは２０００年代初頭まではニッケルカドミウム電池やニッケル水素電池が主流で、１回の充電で走れる距離はせいぜい１００㎞余り。１００㎞走って、そのたびに何時間も充電する（急速充電なら30分程度）のは実用的ではない。実用化のメドが立ち始めたのは高密度に充電できるリチウムイオン電池が誕生してからだ。自動車に搭載され始めたのは２０１０年前後のころである。

テスラが２００８年にリチウムイオン電池を搭載した「ロードスター」を、三菱自動車が２００９年に電気軽自動車「ｉ－ＭｉＥＶ（アイミーブ）」を、日産自動車が２０１０年にグローバル展開を目指した世界初の量産車として「リーフ」をそれぞれ発売した。

しかしその後も２０１０年代後半に入るまでＥＶは低迷する。価格が高いことや航続可能距離の短さ（２００㎞程度）、充電時間の長さ、バッテリーの劣化問題などが改善せず、普及に弾みはつかなかった。

ＦＣＶに至っては、これまで量産車として発売に踏み切ったのはトヨタの「ＭＩＲＡＩ」

やホンダの「クラリティ」のほか、メルセデス・ベンツなどで数少ない。FCVは普及段階とはいえない状態が今も続いている。

こうした状況の中でHVはガソリン車に比べ2倍ほどの燃費を誇る現実的なエコカーとして、今日まで日本だけでなくグローバル市場でシェアを伸ばし、2020年のグローバル市場において電動車の中で50％を超えるシェアを維持している。

●HVの技術力が電動化の強みに

1997年に誕生したHVは発売から20年以上たっても電動車の市場で中核的な地位を保っている。それはHVを世に出したトヨタにとっても当初想定もしていなかった事態かもしれないが、この間のトヨタ得意の改善努力のなせる業だったともいえる。

HVのコア・システムはモーターとバッテリー、PCU（パワーコントロールユニット）だ。発売から20年以上たち、それぞれの部品の性能は格段に上がった。

トヨタによると、モーターの出力は1997年比で200％となり、モーターの体積は50％に減った。つまり体積当たりの出力は400％にアップしたことになる。バッテリーは重さが30～50％減り、体積は60％減った。PCUのエネルギーロスは80％減り、体積は

50％減った。

それぞれの部品や機構を改善し続けたことで、コア・システムの性能アップとコンパクト化が実現した。その結果としてトヨタのＨＶの燃費は40％ほど良くなった。こうしたトヨタの改善努力でＨＶの競争力が増し、エコカーとしての地位を固めていったのだ。

ＨＶの競争力が増したことで、ＨＶの販売台数は２０２０年に累計１５００万台を突破した。販売台数が増えると、量産効果からコスト削減にもつながる。それが更なる競争力になるという好循環が生まれる。先述したようにＨＶのコア・システムはＥＶ、ＰＨＶ、ＦＣＶのコア・システムでもある。量産化されているＨＶで培った競争力は将来、他の電動車にも波及していく。ＨＶの販売増は今後のトヨタの電動車戦略の競争力を下支えする。それがトヨタが他の自動車メーカーに比べてＨＶにこだわり続ける所以《ゆえん》である。

●ＨＶはいつまで売れるのか？

現時点では自動車の低炭素化の「現実解」といえるＨＶは今後、いつまで世界市場で競争力を持ちうるのだろうか。各国の電動化規制をみると、２０３０年でガソリン車の販売禁止を打ち出している英国は、ＨＶも２０３５年に販売禁止となる。カーボンニュートラルの実現に向けて欧米各国がＨＶの販売禁止に踏み切るならば、トヨタなど日本勢には頭が痛い事態となる。

２０３５年にガソリン車の販売が禁止される日本（東京都は２０３０年にガソリン車販売禁止）や中国ではそれ以降もＨＶは販売できる。だが２０５０年にカーボンニュートラル実現を目指すとなると、走行時にCO_2を多少なりとも排出するＨＶは基本的には２０５０年に道路を走れなくなる。

その時点で先述したガソリンに代わる合成燃料やバイオ燃料が低価格で大量に普及していれば走行できるが、政府のグリーン成長戦略で２０３０年以降の合成燃料の実行計画は白紙のような状態であることを考えれば、２０５０年にガソリンを代替する燃料が普及していると考えるのはかなり怪しい。

また国内のガソリンスタンドの数の減少も影響するだろう。１９９５年3月末に6万４２１か所あったガソリンスタンドは２０２０年3月末には2万９６３７か所と半減した。自動車の燃費が向上し、ガソリン消費量が減少していることが一因だが、今後も約20年間で半減するペースで減っていく傾向が続くとみられている。２０４０年代には1万数千か所まで減っている可能性があり、そこでガソリンの代替燃料を販売することになるが、消費者の利便性を維持するのが難しくなっている恐れがある。

だとすれば２０５０年の時点でＨＶは、カーボンニュートラルを宣言している日本など多くの国で走れなくなる、あるいは消費者が選択しなくなると考えるのが適当だろう。

国内の乗用車の平均使用年数は13年を超えている。日本の自動車ユーザーは新車購入後10年以上の年月を乗り続けている。そんな平均的なユーザー像を想定すると、２０５０年以降に運転できなくなるＨＶは、２０３０年代後半から買い控えが起きても不思議ではない。日本の電動化規制のように２０３５年以降もＨＶを電動車として売ることはできる場合でも、ＨＶの市場価値は下がっていくとみてよかろう。

トヨタの寺師茂樹取締役は自主制作の情報発信サイト「トヨタイムズ」で「２０３０年ぐらいまではたぶんＨＶが主力になって、そのあと徐々にＰＨＶに移っていきます」と語っている（２０１９年３月）。

トヨタはＥＶの研究も積極的に進めており、次世代電池として有力視されている全固体電池の特許件数ではトップを走っている。ＨＶのコア・システムはこれからも長く競争力を保つだろうが、トヨタの電動車ビジネスを現在支えているＨＶは２０３０年代後半になれば日本など先進国に限ると、今の地位をＥＶやＰＨＶに譲り始めているに違いない。

４　ＥＶシフトの日産。決断の裏側

●「e－POWER」と「HV」の似て非なる構造

２０２０年末にフルモデルチェンジをした日産自動車のコンパクトカー新型「ノートｅ－ＰＯＷＥＲ《イーパワー》」の売れ行きが好調だ。発売１か月で月間販売目標の２・５倍の２万台を受注するヒット商品になった。

このノートは「ｅ－ＰＯＷＥＲ」と銘打っているからＥＶかと思いがちだが、そうではない。ガソリンエンジンとモーターが搭載されているＨＶである。だがトヨタのＨＶとは構造が大きく違う。

クルマの動力を生み出すのはもっぱらモーターで、エンジンは発電機を回すために働いている。エンジンの力で発電機を回して電気をつくり、バッテリーに充電し、その電気でモーターが動き、クルマを走らせるのだ。モーターが駆動源なのでＥＶと同じような加速感を楽しめるのが売りである。

（図表2-6）　e-POWERと
従来型ハイブリッドの駆動の違い

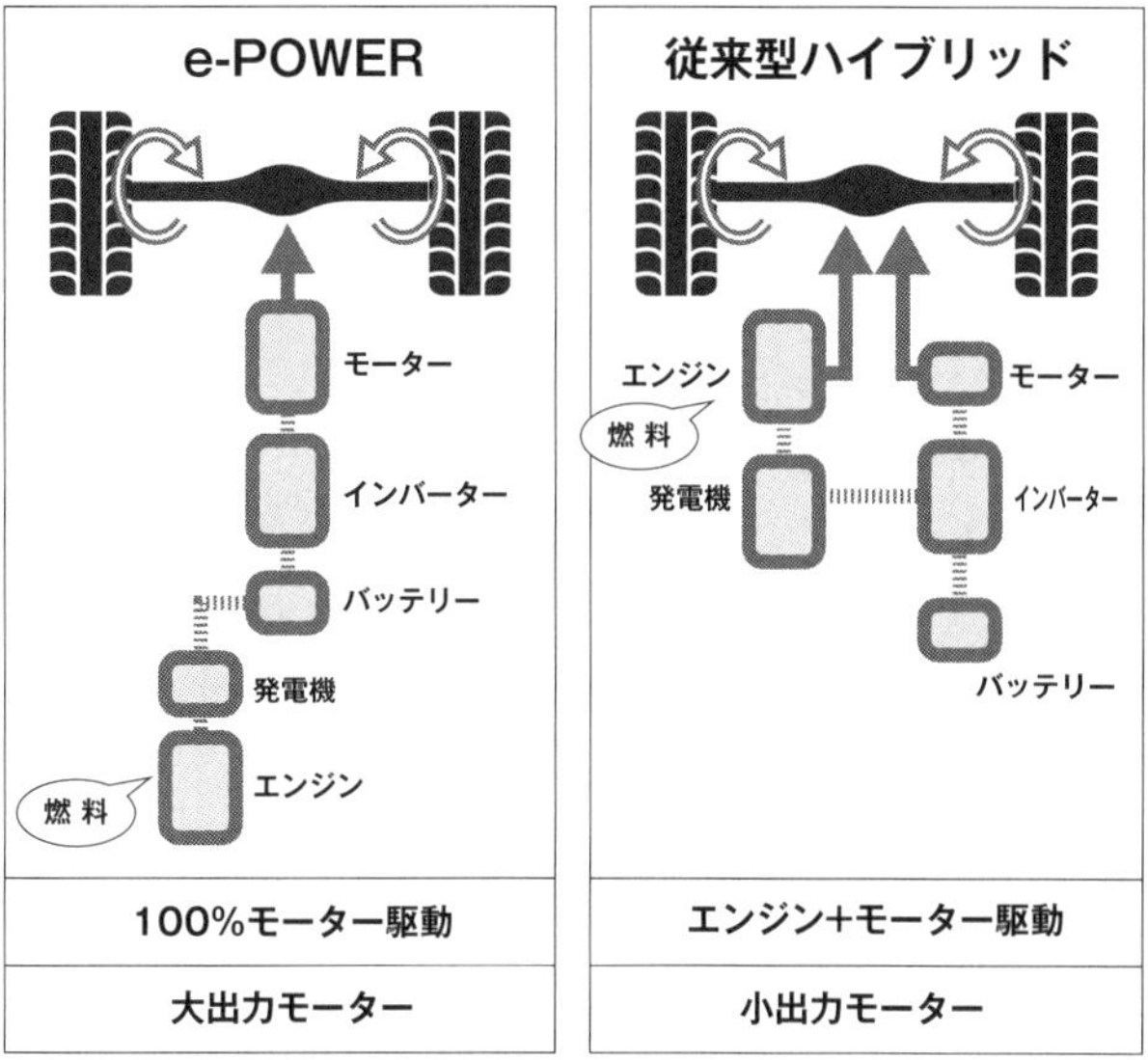

日産自動車ホームページを参考に作成

●日産が見据えている未来

日産には日本のＥＶの先導役を果たした「リーフ」がある。発売から10年間で50万台を売った。近年は売り上げを伸ばしているが、残念ながらＥＶのシェアを大きく伸ばすだけの力はなかった。

今の「リーフ」の航続距離は458㎞（ＷＬＴＣモード）まで延び、使い勝手も良くなったのに、爆発的に売れないのはなぜだろうか。

マンションなど集合住宅には充電設備がないことも多く、都市住民らがEV購入をためらってしまうことも一因かもしれない。

それに対して「ノートe－POWER」はエンジンの動力で発電するのでガソリンスタンドで給油すればよい。使い勝手はガソリン車と同じだから特段の不便さは感じない。気になるのは燃費。ガソリン車と同じエンジンを回して電気をつくるという手間をかけているのだから、燃費が悪くなるのではないかと一見思えるが、実は違う。

エンジンが最も効率的に動くのは約2000rpm（rpm＝1分間の回転数）だ。ところがガソリン車は6000～3000rpmの間で加減速をしながら走るので燃費は悪くなる。ところがe－POWERのエンジンは約2000rpmで動き続けるので燃費は格段に上がるという。

エンジンが生み出す回転エネルギーで電気をつくるので少しロスが出るが、それでも従来のガソリン車よりも燃費が良くなる。新型ノートの燃費は28・4km（WLTCモード）と一般的なHV並みの高い水準を実現した。

「e－POWER」は、エンジン車のような使い勝手でEVの乗り心地、面白みを体験できるクルマを目指している。日産の狙いは、e－POWERを通じて消費者にEV走行の魅力を知ってもらい、今後EVが日本でも本格的な普及期に入ったときに一気にEVを伸ばしたいというものだ。e－POWERはいわば本格的なEV時代までの「中継ぎ」であり、EVの欠点を補うクルマといえる。

なぜ日産はe－POWERを世に出してまでEVにこだわるのか。その謎を解くには今はレバノンに逃亡中のカルロス・ゴーン氏が日産再生のために日本にやってきたころに時計の針を戻さなければならない。

●〝コストカッター〟ゴーンはなぜEV研究を続けさせたのか？

日産が本格的にEV開発を始めたのは1990年からだった。現在、全樹脂電池という新しい電池を開発しているベンチャー企業「APB」の代表取締役で慶應義塾大学特任教授の堀江英明氏はEV開発チームの初期メンバーだ。チームでは電池の開発を担当した。

堀江氏がEV用の電池として目をつけたのはリチウムイオン電池だった。そのころ実用化されていたニッケル系の電池では自動車用の電池としては満足できる条件が備わっていなかった。EVがそれなりの航続距離を確保し、高出力を実現するには、リチウムが本来持っている特性を生かす以外にすべはない。それが東京大学大学院で素粒子論を研究した堀江氏の見立てだった。

ちょうどそのころソニーは1990年2月14日のバレンタインデーに、世界で初めてリチウムイオン電池の実用化にメドがついたと発表した。リチウムには激しく化学反応する性質がある。発火などの危険性もあり、当時は実用化が難しいとみられていた。だが反応の激しさはパワーの源でもある。

堀江氏は即座にソニーとの共同研究を持ち掛けたが、いったんは断られる。ソニーの開発担当者らが優先していたのは本業のビデオカメラやパソコンに使う電池の開発だった。ソニーは自動車向けの電池開発には興味を示さなかったのだ。

だが堀江氏は粘った。日産OBのツテをたどり、ソニーの大賀典雄社長（当時）に共同研究を打診した。ようやくソニーが動き出し、1992年12月に共同研究が始まった。

1994年夏、横浜・追浜《おっぱま》の日産テストコースにソニーの大賀社長ら経営陣の姿があった。品川のソニー本社から2機のヘリコプターでEV試乗会に乗り込んできたのだ。試乗会に参加した大賀社長は「完成したら1台買いたい」と喜んだという。

1995年に入るとソニーが自動車車載向けのリチウムイオン電池を発表し、その年の秋の東京モーターショーでは日産がリチウムイオン電池を搭載したEVを出展した。実用化はまだ先だとみていたトヨタなどライバルメーカーが日産の素早さに驚いた様子を、堀江氏は印象深く覚えている。

ところが１９９０年代後半にＥＶプロジェクトに暗雲が垂れ込める。ソニーの経営がまず揺らぎ、「選択と集中」の名のもとに巨額投資が必要なＥＶ向け電池開発は中止となった。一方、日産の方も経営苦境が深まっていった。１９９９年にはフランスのルノーと資本提携し、経営破綻の危機を乗り越えざるを得ない状況に追い込まれた。

そこにコストカッターと呼ばれていたカルロス・ゴーン氏が日産に乗り込んできた。すぐには日の目を見ることはないＥＶの開発プロジェクトの継続は風前の灯だった。ＥＶ向けの電池開発も終了することが既定路線になりかけていた。堀江氏らは身構えた。

一縷《いちる》の望みをかけて、ゴーン氏に直接、ＥＶ向けの電池開発を説明したい――。堀江氏が申し出て、その機会が幸いにも決まった。

２０００年10月、日産の社長になっていたゴーン氏が日産に何を残し、何を切るかを判断する場だった。堀江氏はほとんど徹夜で用意した30分間の英語のプレゼンに望みをつないだ。

“Battery is the ultimate center of power, the origin of unlimited power”

（電池はパワーの源泉、限りないパワーの起源です）

堀江氏が「電池はパワーの源泉です」とEV用の電池開発の重要性を熱く説いたとき、ゴーン氏の表情がぴくっと動いた――。堀江氏にはそうみえた。

「研究を続けろ」

ゴーン氏はその場で即断したという。

2011年に朝日新聞の「ニッポン人脈記」という連載で堀江氏やソニーの開発者だった西美緒《よしお》氏らに車載用のリチウムイオン電池の誕生秘話を取材した。それから10年近く経ち、今となってはゴーン氏の経営手腕は地に落ちている。だが今、堀江氏はこう振り返る。

「あのときのゴーンさんの判断がなければ、日産リーフは生まれていません。それは断言できます」

2000年前後の日産は経営再建の途上でハイブリッド車や燃料電池車の開発などを手広く手掛ける余裕はなかった。そんな状況下で他社に先駆けて研究し続けたのがEVだった。それだからこそ日産はEVにこだわり、e‐POWERというユニークなクルマまで世に出したのだと思う。

だが日本においてはEVの新車販売でのシェアは1％にも満たない。欧米や中国市場に比べて後れをとっているのはなぜだろうか。その傾向は今後も変わらないのだろうか。

５　日本からゲームチェンジが起こる⁉

日産が２０１０年にＥＶ「リーフ」を発売して以来、これまで日本では大きなＥＶブームが起きたとはいえない。２０１８年11月に東京地検特捜部に逮捕されるまで日産のトップだったカルロス・ゴーン氏もリーフの売り上げに満足したことはなかった。「日産１社だけではＥＶ市場はつくれない。他社がＥＶの市場投入に追随してくれればいいのだが」と社内では漏らしていたという。

ＥＶはリチウムイオン電池が登場して以来、使い勝手が良くなったのは事実だが、まだ充電時間の長さや航続距離に不便を感じる消費者はいる。日産以外の日本メーカーは「ＥＶは消費者が受け入れてくれる利便性をまだ実現できていない。市場投入は時期尚早だ」と、これまでは判断していた。

●EVが普及する条件

そのため国内市場には、EVといえば高額所得者層をターゲットにする米国テスラのEVかリーフしかなかった。国内のEV市場は多くの選択肢がない状況だった。是が非でも欲しい商品なら選択肢が少なくても買うが、そうでなければ消費者は購入をためらう。

自動車の場合は選択肢が少ないのは致命的だ。「コンパクトなクルマに乗りたい」「SUVタイプがいい!」「セダンタイプに乗りたい」「家族でレジャーにいけるワンボックスタイプがほしい」などとそれぞれの好みや用途でクルマを選ぶ。

それなのにEVだと手が届きそうなのは「リーフ」しかない状態ならば、リーフのデザイン、大きさに満足する人は買うが、そうでない人は躊躇《ちゅうちょ》する。

HVの歴史を振り返っても同じような経緯をたどっている。1997年に発売されたプリウスは2005年に年間販売が100万台を超えた。100万台を売るのに約8年かかったが、その後は一気に販売台数を伸ばし、2020年には1500万台に達した。この間、プリウス以外にもHVシステムを導入し、HVの選択肢が広がったことで、市場のニーズを徐々につかむことができたのだ。

2020年までの国内のEV市場は、HV市場でいうとプリウスやホンダのインサイトしか選択肢がなかったような時代に似ている。そのような段階では消費者はEVに食指が動かないのは道理である。

EV市場の品ぞろえが増え始めたのは2010年代半ばから後半にかけてだ。ドイツのBMWが2014年に「i3」、フォルクスワーゲンが2017年に「e-ゴルフ」、アウディが2018年に「eトロン」、メルセデス・ベンツが2019年に「EQC 400」をそれぞれ発売した。

日本市場では2020年になると日産以外でもホンダが10月に「Honda e」、2021年1月にはマツダが「MX-30」を発売し、日産は年半ばにはSUVタイプの「アリア」を市場に投入する。日本でもEVが選択できる時代に入りつつある。

今後はEVの品ぞろえが豊富になるにつれて、市場も徐々に膨らんでいくだろう。

●次世代の電池開発では日本が有利？

EVの将来を大きく左右するのが新しい電池開発だ。技術的なイノベーションが起き、EVの普及が進む可能性は高い。今期待されているのが全固体電池である。

現在普及しているリチウムイオン電池は、リチウムイオンが液体の電解質の中で正極と負極との間を行ったり来たりする。その動きで電気を充電したり、放電したりする仕組みだ。全固体電池は基本的な仕組みは同じだが、電解質が液体ではなく固体に変わる。

電解質を固体に変えることで、電解液では使えなかった電極材を使えるようになり、充電できるエネルギー密度を上げることができるのが最大のメリット。これによって懸案だった航続距離が長くなる。

また可燃性の溶液から不燃性の固体に替わるので安全性が格段に増す。使用可能な温度領域が１００度からマイナス30度までと幅広くなる。今のリチウムイオン電池のように高温や零下になると出力が下がる欠点もなくなる。

現在日本では産官学で開発が進んでおり、２０２５年ごろを実用化の目標にし、開発中だ。全固体電池の特許出願件数（２００１年から18年までの累計）の約37％を日本企業が占めている。トヨタの特許出願件数はトップクラスだという。ホンダも重要な特許を有しており、全固体電池開発では日本勢が現時点では優位な地位を確保しているとみていい。

ただ政府の「グリーン成長戦略」に記載されている注釈によると、中国の特許出願件数は28％を占めている。２０１８年には中国が出願件数でトップとなり、激しい開発競争が繰り広げられている研究分野である。

全固体電池の開発が激しさを増しているのは、全固体電池がＥＶ市場のゲームチェンジャーとなる可能性があるからだ。ＥＶの普及を妨げてきた航続距離の短さなどの欠点を解決し、本格的な普及の足掛かりになる、と期待が集まっている。

リチウムイオン電池1kg当たりの充電密度は現在２５０～２８０ワット時（wh）程度だ。政府は全固体電池を実用化することで２０２５年に３００wh、２０３０年に４００whを目標としている。２０３０年代には単純に計算すれば同じ重量の電池を搭載しても現行の１・５倍程度の航続距離が達成できる勘定だ。

２０２０年代半ばから30年代以降になれば全固体電池などのイノベーションが生まれ、商品性の高いＥＶが増え、市場が本格的に拡大する可能性がある。この分野は化学メーカーなどの素材産業の貢献が必要で、日本勢は優位な分野でもある。

現状ではＥＶ市場で劣勢の日本メーカーではあるが、電池革命が起きて、ゲームチェンジしたときには、最先端を走ることも可能だろう。

課題としては電池が量産段階に入ったときに日本の競争力を維持できるかだ。

リチウムイオン電池の研究では、吉野《よしの》彰《あきら》博士（旭化成名誉フェロー）が欧米の化学者らと２０１９年にノーベル賞を取った。リチウムイオン電池を初めて実用化したのはソニーで、ソニーと自動車向け電池を世界で初めて共同開発したのは日産だった。

しかしリチウムイオン電池の普及が様々な分野で広がり、量産化が進み始めると、サムスンやＬＧなど韓国メーカーに追い抜かれてしまった。

全固体電池など次世代電池が登場し、ゲームチェンジが起きたとき、開発の先駆者として日本はリードし続けなければならない。量産段階でリチウムイオン電池のような失敗を繰り返しては、せっかくのゲームチェンジャーとしての果実は得られない。

6　究極のエコカーＦＣＶ（燃料電池車）の行方

米国のＥＶ専用メーカー、テスラのイーロン・マスク最高経営責任者（ＣＥＯ）はＦＣＶを口癖のように「Fool cell（愚かな電池）」と何度もあざ笑ってきた。燃料電池は英語でFuel cell（フューエル・セル）と呼ぶが、それをもじった言い回しだ。ＥＶに特化しているテスラにとって、ＥＶと同じくCO_2排出ゼロのＦＣＶは目障りだ。「早いうちに叩き潰しておかねばならない」と考えたとしてもおかしくない。

本来ならばイーロン・マスク氏の発言は少し割り引いて聞いておくべきところだが、世界の自動車産業の本格的なEV化をリードしてきた人物の発言は残念ながら影響力を持っている。実際、走行時に水しか出さない「究極のエコカー」と表現されることが多いFCVなのに、現在のシェアは1％にも満たず、日本でも0・02％（2019年）にとどまっている。

イーロン・マスク氏の発言や現在のシェア、世界的なEVへの関心の高まりから、いよいよCO_2排出ゼロのクルマ同士のEVとFCVの戦いは、EVがすでに勝利したのではないかという言説がメディア上ではよくみられる。

「EV vs HV」、「EV vs FCV」などと二項対立をあおり、勝ち負けを論じるわかりやすい言説に私たちはともすれば乗りやすい。だがそれぞれの特徴をにらみながら全体として最適な道を探らなければならないのはいうまでもない。

●FCVの他のエコカーにない魅力とは？

従来、自動車産業においてFCVは、EVの欠点を補完するCO_2排出ゼロのクルマとして期待されてきた。EVの充電時間の長さはEV生来の欠点である。急速充電でも20～30分はかかり、航続距離を長くしようと搭載バッテリーを増やせば、さらに充電時間は延びてしまう。ガソリンのように数分で充電することは今のバッテリー性能では難しい。

また大型バスやトラックをEV化しようとすれば乗用車に比べて格段に搭載バッテリーを増やさざるを得ず、充電時間が長くなるばかりか価格も跳ね上がり、現実的ではない。

それに対し、FCVはガソリンの給油と同程度の時間で高圧水素を充填《じゅうてん》できる。大型車両に必要な高出力もFCVでは可能になる。そのため運輸部門のカーボンニュートラルを実現するためには、少なくとも大型トラック、バス、建設・土木用の重機などで燃料電池を搭載する電動化が必須とみられている。また欧米のように州や国をまたいで長い距離を高速で走るような国ではEVの限界がかねてより指摘されており、FCVは乗用車としてもニーズがあるとみられている。

一方、カーボンニュートラルの実現という目標ができ、自動車分野に限らず水素利用の本格化が各国で進んでいる。発電所や鉄鋼業から出るCO_2をゼロにするためだ。

製鉄業では鉄鉱石から鉄をつくる際に大量のCO_2を排出している。それを水素還元製鉄法という新しい仕組みで鉄をつくればCO_2は基本的には排出せず、出てくるのは水だけだ。また火力発電所のガスタービンで水素を燃やしてCO_2排出量をゼロにする。こうした利用やＦＣＶのために、政府は水素製造を２０３０年に最大３００万トン、２０５０年に２０００万トン程度を目指す計画だ。

水素利用の動きは世界に広まっており、ＥＵ委員会が２０２０年７月に水素戦略を発表し、２０３０年までに再エネ発電を使った水の電気分解で大量の水素をつくる「欧州クリーン水素アライアンス」を立ち上げた。そうした動きにドイツやフランスは積極的に追随している。米国でもカリフォルニア州やユタ州などで水素利用が進み、中国では２０２０年４月にＦＣＶ産業のサプライチェーンづくりに対しての助成策を発表した。

水素はカーボンニュートラルを実現するために必要なエネルギーとして位置付けられている。ＥＶ化への動きを早くから進めた中国もＦＣＶの選択肢を手にしたいようだ。

２０１８年５月に中国の李克強《リー・コーチアン》首相が日本に公賓として招かれた折、安倍晋三首相とともにトヨタ自動車北海道の施設見学をした。その際、首脳２人を豊田社長が出迎え、李首相は開発中の自動運転車の試乗を楽しんだ。

李首相と豊田社長との会談のテーマの一つがＦＣＶだった。李首相はＦＣＶについての知識が豊富で、トヨタのＦＣＶに対する考え方に耳を傾けたという。中国がＦＣＶ産業のサプライチェーンづくりを発表したのは、北海道での見学から2年後のことである。

諸外国の動きやFCVとEVの機能を考えれば、FCVとEVの戦いがすでに終わったとみるのは時期尚早である。しかし、EVが今後、全固体電池など新しい電池が実用化され、現在よりも使い勝手が良くなってきたとき、FCVが乗用車市場で大きなシェアをつかめるかどうかはわからない。だが乗用車以外の大型バス・トラック、重機などのカーボンニュートラルの実現を考えたとき、FCVへの期待が高まるのは必至だ。

●商用車にはEVよりも適している理由

トヨタは2020年12月、FCV「新型MIRAI」を発売した。2014年に市販FCVとして世界初で発売した初代MIRAIに比べ、スタイルは洗練され、航続距離（約850キロ）とパワーを向上させた。エコカーとしての魅力だけでなく、クルマとしての魅力を高めて、乗用車市場での普及を目指したいという思いが、新型には込められた。

だが新型MIRAIに課せられたミッションは他にもあった。「社会を支える様々なモビリティへの転用を目指す」ことだった。FCVの心臓部である燃料電池システムをトヨタ以外のメーカーに販売する「外販」で、生産能力を初代の10倍（年産3万台）に引き上げ、量産効果を出して、コストの低減を目指しているのだ。

現在、日本で売られているFCVはトヨタのMIRAIとホンダのクラリティ（リース販売）の2車種。FCVの国内販売シェア（2019年度）はわずかに0・02％（約700台）と苦戦が続く。価格が高いことも不振の一因で、何とか中核システムのコスト削減を実現しなければならない。

新型では燃料電池システムの高性能・小型化を実現するとともに、製造段階の生産性を格段に引き上げた。それでも生産台数が増えない限りは、期待される量産効果による価格引き下げは実現できない。そこで出てきた考え方が燃料電池システムの外販である。

トヨタは新型MIRAIの発売に際して、虎の子ともいえる燃料電池システムをトラックやバス、重機のメーカーに外販し、FCVトラック・バスなど商用モビリティを積極的につくってもらう戦略を本格的に打ち出した。

エコカーは普及しなければ地球環境の改善には役立たない。普及のためならば、ライバル企業にも販売するという苦肉の策に乗り出したといえる。

乗用車に比べて稼働率が高い大型バス・トラックや重機の市場では、FCVはEVよりも参入しやすい。FCVは燃料の充填時間が短いので稼働率を上げやすいからだ。

トヨタは乗用車以外の分野でもFCVの市場開拓に乗り出した。こうしたトヨタの動きは2021年3月、日野自動車といすゞ自動車を巻き込んだ商用車グループの形成へと発展し、コマーシャル・ジャパン・パートナーシップ・テクノロジーが設立された。

こうした商用車部門でのFCVの普及が進めば、燃料電池システムの価格が低減し、乗用車への普及を後押ししていくと期待されている。

●世界トップレベルの日本のFCV技術をどう生かすか？

2050年にカーボンニュートラルを実現するのは「並大抵のことではない」と政府の「グリーン成長戦略」には書かれている。

パーソナルモビリティと呼ばれる少人数の街乗り車から高速道路を走行できる大中小の乗用車、大型バス・トラック、そして重機まですべてのモビリティを1種類のエコカーで対応するのは今の技術を前提に考えれば難しい。もちろん新しいイノベーションが生まれるかもしれないが、不確かな期待のもとに未来をゆだねることは禁物だ。

カーボンニュートラルの実現には、鉄鋼業など広範囲な分野で期待されている水素が使えるFCVをあきらめるわけにはいかない。しかも日本にはトヨタだけではなくホンダも世界に先駆けてＦＣＶを世に出した歴史があり、その基盤技術も世界のトップレベルを走っている。持てる技術を総動員して初めて実現できるのがカーボンニュートラルである。ＦＣＶの利用をさらに追求するのが得策だ。

日本が事実上、世に広めたＦＣＶをその得意な分野に集中して育てる。一方でＥＶのコスト低減や性能向上が進めば多様な車種にＥＶを投入する――。そんな棲み分けを明確にして、カーボンニュートラルに立ち向かうべきだろう。

7　もっともエコな電動車とは？

ここまで様々な電動車を中心にしたエコカーについて長所と短所を書いてきた。「どの電動車が最もエコか」という問いかけには残念ながらすっきりとした答えはない。

先述した通り、ＨＶとＥＶを比べても、議論する時点と国で電源構成が異なれば答えは違う。ＥＶとＦＣＶについても電源構成は影響を与えるし、どの用途に使うかでエコカーとしての適不適が変わる。

またバイオ燃料の普及を積極的に進めているブラジルなどでは、２０５０年になってもバイオ燃料を燃やせば、エンジン車を走らせたままカーボンニュートラルが実現するかもしれない。その場合は無理にクルマを電動化させなくてもよいだろう。

カーボンニュートラルの議論が始まり、ＥＶ派と反ＥＶ派の議論が激しくなった。ＥＶ派は「ＥＶ化は世界潮流であり、あらがうことはできない」と主張し、反ＥＶ派は「ＥＶは必ずしもＨＶよりエコではない」と反論する。

双方とも一面の事実ではあるが、全面的に正しいわけではない。どの時間軸とどの国での議論なのかが抜け落ちているからである。まずは前提条件をそろえて議論しなければいけないのだ。

第3章

EV化で後れをとる日本メーカーの秘策は?

一歩先行く中国、米国、欧州……グーグル、アップルも参戦

1　世界のEV市場を牽引する米テスラ

世界のEV市場を今、牽引しているのは米国のEV専業メーカー、テスラである。2020年の全世界でのEV販売台数は前年比36％増の49万9647台だった。2位の独フォルクスワーゲン（VW）は23万1600台で、テスラは2倍以上の差をつけ、ダントツのトップだった。

上位10社にはテスラのほかドイツのVW、BMW、ダイムラー、アウディ、フランスのルノー、スウェーデンのボルボ、中国の比亜迪（BYD）、上汽通用五菱汽車（SGMW）、上海汽車集団（SAIC）が入った（「Statista」調べ）。環境規制の強化でEVシフトが進む欧州勢が順位を上げた。日産自動車が順位を下げ、日本勢は10位以内から姿を消した。

テスラ株はコロナ禍の2020年3月ごろから急騰し、2020年末に株価は8倍となった。全世界的なEV化の波が大きくなるとともに、ESG（環境・社会・企業統治）投資への関心が高まり、世界各国の金融緩和マネーがテスラに集まった。

その結果、テスラの２０２１年1月末の時価総額は82兆円に上り、世界の自動車大手10社・グループ（トヨタ、ＶＷ、ＧＭ、ルノー・日産・三菱自動車、ダイムラー、ホンダなど）の時価総額の合計77兆円を上回ったという（「日経ヴェリタス」２０２１年1月31日号）。年間販売台数が50万台足らずの中堅自動車メーカーにすぎないテスラが、時価総額では大手10社が束になってかかってもかなわないような存在になった。

その歴史を振り返ってみる。

●ものづくりの苦しみを味わったテスラ

テスラ（創業時はテスラ・モーターズ）の誕生は２００３年。マーティン・エバーハード氏とマーク・ターペニング氏の2人の技術者が創業した。現在ＣＥＯのイーロン・マスク氏が経営に参画するのは04年から。そのためマスク氏は共同創設者という位置付けだ。

テスラがＥＶ販売に乗り出したのは２００８年。まだリチウムイオン電池を搭載したＥＶは世に出ていなかった。最初のＥＶ「ロードスター」（2人乗り）はノートパソコン用のリチウムイオン電池を６８３１個も搭載し、航続距離を延ばそうとした。そのため電池の重さが４５０kgとなり、クルマの軽量化に苦労した。

ただ新規参入者だけにユニークな考え方がテスラにはあった。既存メーカーにはクルマに搭載する電池は車載用として特別に用意した電池が必要だと考えていた。自動車向けの部品には高い信頼性や安全性が求められるからだ。ところがテスラは違った。多く普及しているPC用電池を転用するというアイデアを生み出した。テスラの型破りのアイデアに自動車業界は驚いた。

発売当初は1台9万8000ドル（約1060万円。1ドル＝108円で換算）という高価格にもかかわらず生産体制を超える受注を獲得したが、システムの不具合や生産の遅れに見舞われた。その後も新しいモデルを発表し、生産開始をするたびにラインを止めざるを得ないという状況に何度も陥る。テスラは自動車のものづくりの難しさに苦しみ続けた。

EVは従来の自動車よりも生産が簡単で、新規参入企業でもつくれる、という見方をする経済ジャーナリストがいるが、現実はそうではない。

自動車は部品の製造、組み立ての際に微妙な調整が必要な「すり合わせ型」の商品である。たとえ電動化が進んだとしても乗り心地を左右するサスペンションや車体剛性などの向上を目指すなら、既存メーカーに蓄積されたものづくりのノウハウ、経験知がなくてはならない。品質の高い日本メーカーのクルマでも欧州の高級車の乗り心地とは何かが違う。

その違いをなかなか埋められないのは、自動車を組み立てる経験知の差である。

時速１００キロ以上で地上を走る鉄の塊が自動車である。自動車に求められる信頼性、安全性はパソコンなどのＩＴ機器よりも格段に高い。パソコンやスマホなどのように主要部品を組み立てればほぼ同等の性能が実現できる「モジュラー型」の商品とは異なるのだ。

そんなものづくりの現実を、自動車メーカーになるための洗礼としてテスラは受けたのだ。テスラは今では既存の自動車メーカーを苦しめ、時価総額では凌駕《りょうが》する存在になったが、設立後からの10年ほどは、実に挑戦的で危うい期間だった。

自動車関連技術に詳しいモータージャーナリストの清水和夫氏は「当時のテスラ人気は発売するクルマがＥＶだったからではない。クルマとしてセクシーで魅力的だったからです」と指摘する。テスラ最初のＥＶであるロードスターは、英国のスポーツカーメーカー「ロータス・カーズ」にボディ、サスペンションなどをつくってもらい、電池だけをテスラが調達し、つくり上げたスポーツカーだった。「ＥＶが受けたというよりも、かっこいいスポーツカーが人気を呼び、それがＥＶだった」というのが清水氏の見方である。

●テスラの躍進に一役買った日本メーカー

テスラの躍進には実はトヨタ自動車など日本メーカーが一役買っている。

トヨタは米国での生産に初めて乗り出すときに、米ビッグスリーのＧＭと合弁会社「ＮＵＭＭＩ《ヌーミ》」（カリフォルニア州フリーモント）を１９８４年に設立し、生産を開始した。トヨタ、シボレー、ポンティアックなどトヨタとＧＭのブランド車を生産した。

ところが２００９年6月、ＧＭが経営破綻し、合弁事業が解消された。工場は２０１０年4月に閉鎖に追い込まれた。

閉鎖直後の２０１０年5月、ＮＵＭＭＩの工場を取得したのがテスラだった。同時にトヨタとテスラは包括提携し、ＥＶの共同開発をすることにもなった。テスラが大手自動車メーカーと提携したのは２００８年のダイムラーとの提携に続き2社目だった。

テスラはトヨタ生産方式を活用し、効率の高い生産体制を実現していた工場を「居抜き」で買うことができたのだ。ＮＵＭＭＩで働いていた作業員の一部も残った。ＥＶの効率的な生産に苦しんでいたテスラにとってＮＵＭＭＩの取得は実に幸運なことだった。

一方トヨタも当時、豊田社長がテスラとの提携を歓迎し、「トヨタにはないベンチャー企業のスピード感を学ぶことができる」と語っていた。

このころテスラはパナソニックとも自動車用の電池開発や生産で提携することになり、日本のものづくりのノウハウを学ぶことができた。その後のテスラのスプリングボードになったのが日本メーカーだったのだ。

テスラが２０１２年に発売した「モデルＳ」はＮＵＭＭＩで生産され、パナソニック製のリチウムイオン電池が搭載された。ようやくＥＶとしても競争力のあるクルマをつくれるようになって、いよいよ高級車市場に足を踏み入れた。

●「打倒テスラ」を鮮明に打ち出したドイツ勢

高級車市場で大きなシェアを獲得していたダイムラーやＢＭＷ、ポルシェなどドイツ勢のシェアをテスラは切り崩し始めた。テスラと提携していたダイムラーは株を売却して、提携関係を解消、一転して「打倒テスラ」と敵対関係になっていく。とはいえこのとき、メルセデスはテスラ株の多額の売却益をちゃっかり手にしている。

モデルＳのテレビＣＭで、「テスラはポルシェターボよりも加速力がある！」とアピールしたものだから、ポルシェも「打倒テスラ」の陣営に入っていく。２０１５年秋のドイツ・フランクフルトモーターショーで発表されたＥＶ「ミッションＥ」は、テスラに対抗するためのクルマだった。高級車市場で強いドイツメーカーがEVで巻き返し、急成長するテスラを叩こうとしたのだ。

初期の段階ではテスラと協調関係にあったトヨタの立場も変わっていく。提携の初期段階では、トヨタはSUV「RAV4」をベースにしたEVを共同で開発したが、環境規制の強化でトヨタもEVの開発に本腰を入れざるを得ない状況になった。両社の関係はそれまでの協調から競争へと変わっていく。

提携時にテスラ株の3・15%を約45億円で取得したトヨタも、2014年からその一部を売り始め、2016年末までにすべてを売り、関係を解消した。

テスラの積極的なEVへの参入が日米欧の大手自動車メーカーに刺激を与え、EV化へと促した。また既存の大手自動車メーカーの方にも電動化を進めざるを得ない切実な事情が生じていた。

●本業では利益が出ていないテスラ。何で儲けているかというと……

テスラの2020年度の決算をみると、売上高は前年比28%増の315億3600万ドル（約3兆4000億円）、最終利益は7億2100万ドル（約780億円）と初めての黒字となった。その中で他の大手自動車メーカーではまずみられない利益がある。CO_2の排出権取引による売却益15億８０００万ドル（約１７００億円）だ。この「排出権クレジット」と呼ばれる利益がなければテスラは２０２０年も赤字であったはずだ。

排出権取引とは基準以上のCO_2を排出する企業が基準以下の排出企業から排出枠を買い取る制度だ。テスラ車はすべてＥＶなので、テスラが売ったクルマは走行中にCO_2を排出しない。そのため基準内でCO_2を排出する枠を丸々持っている。

一方、ガソリン車などを大量に売っている大手自動車メーカーの多くは基準を超えてCO_2を排出してしまう。その排出枠をテスラから買っているのだ。

この制度は米カリフォルニア州で１９９０年から実施され、ニューヨーク州、マサチューセッツ州、ニュージャージーなどの州へと広がっている。ＥＵでも２０２１年からはクルマ１台のCO_2の排出量を走行１㎞当たり95ｇに規制する厳しい制度が始まる。それを上回れば排出枠を買わねばならない。

大手自動車メーカーは多い場合、数百億円の排出枠をテスラから買っており、経営の圧迫要因になっている。他方、テスラにとっては、この制度は自社に有利に働く「宝の山」である。

「打倒テスラ」を掲げている大手自動車メーカーにとって、テスラから排出枠を買うのは「敵に塩を送る」ようなものである。それを何とか避けるにはCO_2排出量をゼロにするＥＶを増やさざるを得ないのだ。

ドイツのフォルクスワーゲン（ＶＷ）は２０２０年11月、電動化や自動運転などの次世代技術に２０２１年からの５年間に７３０億ユーロ（約９兆４９００億円。１ユーロ＝１３０円で換算）を投じると発表した。この巨額投資についてＶＷは「この計画はテスラを倒すためのものだ」（ヘルベルト・ディース社長）といい、テスラを追い詰める構えだ。

米最大手のゼネラル・モーターズ（ＧＭ）も黙ってはいない。メアリー・バーラＣＥＯは２０２１年１月、ＧＭの企業ロゴを57年ぶりに変えて、電気プラグをイメージしたデザインにした。電動化を進める姿勢を強くアピールするものだ。世界最大のデジタル見本市「ＣＥＳ」では商用車を含む全車種を電動車に切り替えると宣言し、「北米のＥＶ市場でテスラを抜く」といい放った。

ＥＶ市場を切り開いたテスラだが、ＥＶ化が加速する今、欧米の自動車メーカーは打倒テスラの姿勢を鮮明にする。「テスラvs大手自動車メーカー」というグローバル競争の構図が電動化の進展で浮き彫りになっている。

２　電動化で失地回復を狙う欧州メーカー

２０２０年、欧州の自動車市場は大きく電動化へと動いた。

欧州の自動車販売台数はコロナ禍のロックダウンの影響で前年に比べ24％減の１０８０万台に落ち込んだ（欧州自動車工業会調べ）。その中でＥＶとＰＨＶを合わせた電動車の２０２０年の販売台数は前年に比べ２・４倍の１３３万台と急増し、シェアは12％となった。そのうちＥＶに限ればシェア７％の72万台が売れるという好調さだ。

12月の車種別販売ランキングをみても、１位のＶＷ「Ｇｏｌｆ」（３万73台）に続き、２位がＶＷのＥＶ「ＩＤ．３」（２万７９９７台）、３位がテスラのＥＶ「モデル３」（２万４５６７台）と、ＥＶ２車種がトップ３に入った（英国調査会社ＪＡＴＯダイナミクス調べ）。

このように欧州のＥＶ・ＰＨＶ市場はこの３年で５倍に膨らんだ。日本市場での２０２０年のＥＶ販売シェアがまだ１％に満たないことを考えれば、欧州のＥＶ化の進展スピードは極めて速い。欧州にはもともとドイツなど環境保護意識が高い国が集まっており、ＥＵ加盟国と自動車産業が一体となってＥＶ化を進めるという欧州ならではの現象だとも受け取れる。

だが欧州にＥＶ化の波を起こしたのは、それだけではない。

２０１５年、ＶＷのディーゼル車検査不正が発覚したことがすべての始まりだった。

欧州ではディーゼル車はガソリン車に比べ窒素酸化物（NO_x）などの排ガスを出すものの、CO_2排出量は少ない燃費の良い「エコカー」とみられ、一時は50％を超えるシェアを保っていた。ところが不正発覚後、ディーゼル車は一気にシェアを落とし、自動車産業は苦境に陥った。

それを契機に欧州は、環境対策を進めながら自動車産業の競争力もアップさせる産業政策を取り始める。自動車メーカーの失地回復を狙い、電動化を加速しようとしたのだ。

その経緯を少し詳しく振り返る。

●ディーゼル不正が明らかにした欧州の大気汚染の実態

ＶＷの不正発覚の震源地は米国だった。２０１５年9月、米国の環境保護庁はＶＷが大気浄化法をクリアするためにディーゼル車に不正なソフトウェアを搭載していたと発表した。エンジンを制御するマイクロコンピューターを使った不正で、検査時のみ有害物質を規制値以下にコントロールするソフトウェアを組み込んでいた。通常走行の際は規制値以上の有害物質を排出しており、有害物質のNO_xは規制値の40倍を超えていたという。

ＶＷもその事実を認め、マルティン・ヴィンターコルンＣＥＯは辞任に追い込まれた。「ゴルフ」、「ジェッタ」、「ビートル」、「パサート」などのディーゼル車で不正が行われていた。不正対象車は全世界で１０００万台を超え、ＶＷが支払う罰金や賠償金は２５８億ユーロ（約３兆３５００億円）に上った。世界最大規模を誇るＶＷグループの大スキャンダルに発展したのである。

ＶＷの不正問題は同社の経営問題にとどまらなかった。それまで欧州ではディーゼル車は熱効率が高く、ガソリン車に比べCO_2排出量が少ないエコカーの代表選手だった。欧州の自動車メーカーはディーゼル車の欠点であった大気汚染を招くNO_xや粒子状物質（ＰＭ）などの排出量を減らしたクルマを「クリーンディーゼル」と銘打って、ディーゼル車の販売に力を入れていた。

ところがＶＷの引き起こした検査不正で、排出量を減らしていたと思っていたNO_xや粒子状物質（ＰＭ）が依然として多く排出されていたことが発覚した。再び消費者は大気汚染の実態に目を向け始めた。

フランスのパリで大気汚染による健康被害が多発したのが２０１６年である。欧州の上空に安定した高気圧が停滞し、大気汚染物質の拡散を妨げたことが原因だった。もともと欧州の大気汚染はディーゼル車の多さと暖炉や薪ストーブを使う生活スタイルがもたらしていたが、このときは高気圧がダメ押しをした。

大気汚染を防ぐために、パリやスペインのマドリードなどが２０２５年までにディーゼル車の都市への乗り入れを制限し始めた。消費者のディーゼル車離れに拍車がかかった。

ＶＷが起こした「ディーゼル・ゲート」と呼ばれた不正はドイツのダイムラーやＢＭＷでも発覚し、欧州自動車産業全体の問題に発展していった。５割のシェアを誇っていたディーゼル車が売れなくなる事態に欧州の自動車メーカーは青ざめた。

●クリーンディーゼルからの大転換を図る

そんな状況を招いたＶＷだったが、タダでは起きなかった。２０１６年９月末からパリで始まったパリ国際自動車ショーで挽回を狙った。

ＶＷはＥＶのコンセプトカー「ＩＤ.」を披露し、２０２０年に発売すると表明。「２０２５年までにＥＶを30車種投入する。テスラ、アップルのような新しいライバルがターゲットだ」とＥＶ化への舵を大きく切った。

ディーゼル不正や大気汚染の元凶とされた自動車業界の逆境をＥＶ化で脱却しようとする戦略だった。ダイムラーも電動車の専用ブランド「ジェネレーションＥＱ」を発表し、「２０２５年には15～25％がＥＶになる」と宣言した。

２０１５年の「ディーゼル・ゲート」が発端となり、大きく電動化、ＥＶ化へと歩み出した欧州自動車メーカーの勢いは今日まで加速し続けている。

欧州勢は２０１５年ごろまでは、エコカーとしてクリーンディーゼルやＨＶを普及させようとしていた。ところがディーゼル車が客離れを招いてしまった。ＨＶは技術的にトヨタなど日本勢に劣っている。ならばＥＶ化へと舵を切り、苦境を脱出したい――。そんな苦し紛れの賭けでもあった。

この賭けはカーボンニュートラルの実現という政策目標が追い風となって、今のところ吉と出ている。

●産業政策として政府が電動化をバックアップ

EU加盟国は産業政策としてもカーボンニュートラルに向けたグリーン成長戦略を推し進めようとし、その一環としてEVシフトを後押しする。7年間で120兆円の予算をカーボンニュートラルに充て、産業政策として欧州に有利なルール変更やデファクトスタンダードづくりを目指す戦略である。

自動車産業の急速な電動化は既存の自動車産業の雇用を奪う。雇用の安定を重視する欧州各国は雇用対策にもすでに手を打っている。カーボンニュートラルへの取り組みで影響を受ける1500万人を対象に約3000万人の再教育プログラムを用意した。向こう5年間で10兆円の予算を組み、そのうち1兆円を自動車産業に振り向けるという。

自動車産業が国の根幹でもあるドイツは、コロナ禍での経済対策としてもEV化を活用している。ドイツ政府は価格4万ユーロ（約520万円）までのEVに支払う購入補助金を倍にし、メーカー負担分を含めた総額で9000ユーロ（約117万円）に増やした。

欧州の政府と自動車産業とが一体になって、自動車の電動化推進に取り組み始めたのだ。そんな欧州の姿をみて、日本の大手自動車メーカー幹部は「日本のカーボンニュートラルに向けた予算は10年間で2兆円の基金を用意して支援するのみ。電動化に伴って雇用が失われると思うが、それに対する対策も現時点ではない」と欧州との彼我《ひが》の差を嘆く。

第1章で書いたように日本政府はカーボンニュートラルを突然、表明し、自動車の電動化規制も急ごしらえで策定した。政府と自動車業界の足並みはやや乱れ、双方の協議が丁寧に進められたとはいいがたい。もちろん政府と産業界が一体になって議論することが消費者にとって望ましい政策につながるかどうかはわからない。ただ2020年末の政策決定過程をみると、自動車業界は政府への疑心暗鬼を拭い去ることができてはいない。

電動化に向けて政府と産業が足並みをそろえる欧州と足並みがピッタリとはそろっていない日本。このままではグローバル競争の下で日本の自動車産業の厳しさが増していく恐れもある。

一方、日本にとって近くの有望市場である中国でも、国家資本主義の下で自動車の電動化戦略が着々と進んでいる。

3　電動化にかける中国。ゲームチェンジャーへの野心

中国の自動車市場は年間販売台数が2500万台を超え、欧州（約2000万台）、米国（約1700万台）と並ぶ巨大市場だ。日米欧と中国の自動車メーカーが成長する中国市場でしのぎを削る。その中国市場で今、カギを握るのがEV化である。

●中国版「テスラ」も登場する群雄割拠

2020年に中国国内で売れたEV（含むPHV）は120万台を超え、欧州の133万台と肩を並べるEV大国だ。

今年1月、中国の新興EVメーカー上海蔚来汽車（NIO、ニーオ）が1回の充電で1000㎞を走れるEVを2022年に売り出すと発表した。NIOは中国版「テスラ」と呼ばれるEVベンチャーである。世界各国で研究が進む次世代電池、全固体電池を搭載し、航続距離を延ばすという。

自動車業界はこの発表を半信半疑で受け止めたが、米国ニューヨーク市場でＮＩＯの株価は急騰し、上場来高値を更新した。高い目標をアピールし、株価を上げて時価総額を膨らませるのはテスラのイーロン・マスク氏がたどった道でもある。

中国の自動車産業は日米欧の自動車メーカーと提携し、ノウハウを得ながら成長してきたが、世界的な電動化の潮流に乗り、世界のトップを目指そうとしている。

中国は21世紀に入り、グローバル化とデジタル化の進展に伴って、高い成長率を維持してきた。モータリゼーションが急速に進む一方で、大気汚染に悩まされるという負の側面が目立ってきた。中国は次第に環境規制に乗り出さざるを得なくなり、電動化へのシフトを決断した。

中国の新エネルギー車（ＮＥＶ）を開発しようとする政策は２００１年からの「三縦三横」という開発プロジェクトに始まるが、その立ち上がりは苦戦したという（『ＣＡＳＥ《ケース》革命』中西孝樹著　日本経済新聞出版）。それが転換したのが２０１５年の「中国製造２０２５」である。以降、ＥＶをつくるメーカーへの補助金を手厚くし、購入者には自動車購入税を免除するなど国をあげてＮＥＶ市場を広げようとした。２０１７年には「自動車産業中長期発展計画」、２０１８年には通称「新エネルギー車規制」が策定された。

２０１５年に33万台だったＮＥＶは２０１７年に77万台に急増。新エネルギー車の市場には２０１０年代半ばから多くのベンチャー企業が乗り出し、一時は１２０社のＥＶメーカーがひしめき合った。

●新エネルギー車からＨＶ除外は日本メーカーへの牽制？

中国は２０１９年、米国カリフォルニア州のゼロエミッション車（ＺＥＶ。有害物質を排出しないクルマ）規制をひな型にしたＮＥＶ規制を実施した。２０１８年の実施を目指したが、国内メーカーの準備の遅れから1年先に延ばされた。

中国のＮＥＶ規制はＥＶ、ＰＨＶ、ＦＣＶを新エネルギー車（ＮＥＶ）として認定し、各メーカーにＮＥＶを販売台数の一定割合（２０１９年は10％、２０２０年は12％）売ることを義務づけた。守れない場合はペナルティが生じる制度である。政策として強く電動化を加速するためだった。

ＮＥＶの対象にＨＶを入れなかったのは日本メーカーへの牽制である。ＨＶはトヨタなど日本製が強く、エンジンとモーターを精緻に制御しなければならない難しいシステムだ。中国メーカーが生産するのは難しい。ＰＨＶも同じような構造だが、長い距離をＥＶ走行ができるのでＮＥＶとした。ＦＣＶも開発は困難を極めるがCO_2排出ゼロだからＮＥＶに入れざるを得ない。

様々な電動車はあるが、当面はＥＶに特化し、競争力を増す、というのが中国政府の戦略である。ホンダＯＢの佐藤登氏の著書『電池の覇者』（日本経済新聞出版）によると、中国政府の論理は、「エンジンが付いている自動車（ＨＶ、ＰＨＶなど）は日米欧のブランド企業と向こう１００年対峙《たいじ》しても勝機がない」「エンジンのないＥＶならば勝機がある。しかも参入障壁が低いことも中国にとっては有利に働く」というものである。

ＢＹＤなど中国の一部のメーカーはＰＨＶをつくったが、大半のメーカーはＥＶに集中した。つまり過去１００年に培われたエンジン技術を基盤にした自動車産業を土俵にする限り、中国は欧米や日本のメーカーに勝てないと割り切り、環境規制をてこにして自動車産業を一気に電動化、中でもＥＶ化へと転換させようと狙ったのだ。

中国が採用した産業政策は「ディーゼル・ゲート」から抜け出すために電動化を活用した欧州の戦略と重なる。

中国はＮＥＶ規制を導入するとともに中国メーカーを手厚く優遇した。例えば自動車メーカーが補助金を受け取るためには、中国政府から「バッテリー模範基準認証」を取得した「ホワイトリスト」に登録されている電池メーカーから電池を購入する必要があった。制度導入後しばらくは外資系電池メーカーでホワイトリストに載っている企業はなかったという。中国のEV化の恩恵はもっぱら中国メーカーが受ける格好だった。

一方、NEVからHVが外された日本メーカーはPHVやEVを中国で一定以上売らなければペナルティが科される。トヨタやホンダは中国向け専用EVを開発し、2019年以降中国市場に投入してきた。マザーマーケットの日本ではEVを発売していないのに、中国の産業政策に押されて発売せざるを得ないというおかしさである。

巨大な市場になった中国は日本メーカーにとっては無視できない市場である。だが中国の国家資本主義の特徴でもある政府の強い舵取りに翻弄されることも常である。それを我慢し、付き合わざるを得ないという悩みを日本メーカーは抱えている。

●EV化でCO_2排出量が増えてしまう中国のジレンマ

EV化を積極的に進めてきた中国だが、その課題にも気づき始めた。中国の電源構成をみると、石炭・石油の火力発電が7割に迫り、水力、風力などの再生可能エネルギーによる発電は約25%、残りが原子力発電などだ。日米欧に比べて火力発電の比率が高く、EV

化を加速させてしまうと、結果的にCO_2排出量を増やしてしまう（60ページ図表2－4）。

　そのため大型車ではＦＣＶバスを政策的に増やそうとしている。このためＦＣＶの累計販売台数は２０２０年末に７２００台に増え、すでに日本を上回った。また水素利用に積極的に取り組んでおり、２０２０年4月にはＦＣＶ産業のサプライチェーン構築を政策的に後押しし始めた。第2章で少し触れたが、２０１８年に中国の李克強首相が来日した折にトヨタの豊田社長らと会ったのも、ＦＣＶ技術が中国には必要だと考えていたからだ。

　日本においてＦＣＶは現在シェアが小さく、伸び悩んでいる。先述したように、トヨタは乗用車分野ばかりではなく、大型車両や建設機械などの重機にＦＣＶの中核システムを外販する動きを加速している。

　もしもＦＣＶの利用を中国にも広げられるならば、ＦＣＶの量産化に伴うコスト削減につながる。中国の電動化の中でＦＣＶに限れば日中の協調分野となる可能性はあるだろう。巨大市場の中国とＦＣＶの技術をもつ日本とがウィンウィンになれるかもしれない。

　だがＥＶ分野はそうはいかない。中国国内の１００を超えるＥＶメーカーが今後は淘汰され、競争力を持つ数少ないメーカーに集約されていくだろう。しかも中国市場ではＶＷなど欧米メーカーもＥＶ化を進め、積極的に参入している。ＥＶ化には遅れ気味の日本勢にとって、ＥＶの巨大市場に育ちつつある中国の競争環境は厳しさを増すに違いない。

4 ＩＴの巨人たちの参戦。厳しさを増すグローバル競争

●ついにアップルがＥＶ生産を開始？

自動車産業の「１００年に一度の大変革」の時代を迎え、これまでの競争環境と大きく変わったのは、新たなプレーヤーが自動車産業へ進出し続けていることだ。２０００年代初頭に誕生したテスラがＥＶのトップメーカーに躍り出た。また米グーグルは自動車の自動運転の分野でプラットフォーマーになろうとしている。

かねて自動車産業への参入がささやかれていたアップルが２０２０年末から２０２１年１月にかけて、ＥＶ生産を始めるのではないかというニュースが駆け巡った。一部の通信社がアップルのＥＶ生産を２０２０年末に報じると、米国と中国の電池メーカーやＩＴ企業の株価が上昇した。

アップルカーをつくるのは「韓国の現代自動車か？」「日産自動車は打診を断ったらしい」「いやいや・iPhoneをつくっている台湾の鴻海《ホンハイ》では？」と憶測まじりにニュースが流れては消えた。この本が出版されるころにはその帰趨《きすう》は決まっているかもしれない。

自動車産業のグローバル競争は、今や日米欧や中国の既存自動車メーカーだけが演じているのではない。ＧＡＦＡ（グーグル、アップル、フェイスブック、アマゾン）に代表される巨大なＩＴ企業、サイバー企業をも巻き込んだ競争の時代に入っている。

●動き始めたモビリティ革命。そのキーワードは「ＣＡＳＥ」

決算発表であれ、新車発表であれ、自動車メーカーの経営者の口から「ＣＡＳＥ《ケース》」という言葉が発せられないことはない。ＣＡＳＥという言葉が初めて話されたのは２０１６年のパリモーターショーである。ＶＷ（フォルクスワーゲン）の「ディーゼル・ゲート」事件後で、ディーゼル車からＥＶへのシフトを欧州の各メーカーが宣言したモーターショーの場だった。

当時、ダイムラーのＣＥＯだったディーター・ツェッチェ氏が今後強化していく戦略を表す造語としてＣＡＳＥを使ったのが始まりだ。

ＣＡＳＥは、「Connected（コネクティッド）」「Autonomous（自動運転）」「Shared & Service（シェアード&サービス）」「Electric（電動化）」の頭文字を取ったものである。

Ｃは様々なデバイスがインターネットにつながり、データや情報をやり取りするＩｏＴ（モノのインターネット）時代を示している。自動車がスマホのように情報端末となり、運転しながら情報を見聞きしたり、走りながら得る情報（例えばそのときの天候、渋滞情報など）をクラウドに上げて、新たなサービスの種にしたりする取り組みだ。

Ａは言葉の通り、自動運転を開発し、実現するという戦略だ。そして自動運転の実現のためにはＣもまた必要だ。なぜならば自動運転を支えるのは高度なＡＩ（人工知能）による運転制御技術だ。その制御技術を高めていくには走行中に得られるビッグデータをＡＩに学ばせ、運転制御の能力を高めなければならない。走行中に得られるビッグデータを集めるのがコネクティッドのＣである。

Ｓはカーシェアサービスやクルマの配車サービスのように稼働していないクルマを別の用途で無駄なく使い、社会的課題を解決するという戦略である。これにもクルマの稼働状況を知るためにはＣが不可欠で、場合によっては運転手なしで走るＡ、つまり自動運転車がいずれは必要になるだろう。

サービスといえば、ＣＡＳＥと一緒にＭａａＳ《マース》（Mobility as a Service、サービスとしてのモビリティ）という言葉もある。乗用車ばかりか鉄道や飛行機、バス、タクシーも含めてモビリティ全体をつないで新しい価値を提供するサービスを模索する動きだ。このＭａａＳはＣＡＳＥのＣ、Ａ、Ｓと深く関係する。

そしてＥの電動化は２０１６年のパリのモーターショーの最大のテーマだった。しかも情報をやり取りするＣにしろ、自動運転のＡにしろ、コンピューターなど電子機器のデジタル技術が必要で、電動化との親和性は高い。例えば自動運転車で速度を変える場合、搭載するエンジンやモーターにデジタル情報で指示するが、電動モーターの方がエンジンよりも素早く反応させることができるという。

●グーグルvsアップルの戦略の違い

ＣＡＳＥが自動車産業のキーワードになってくるとＧＡＦＡのようにユーザーから大量のデータを集め、ＡＩで分析して、より収益の上がるサービスを提供してきた企業の出番が生まれてくる。だからこそグーグルやアップルは自動車産業に関心を持ち、ＥＶ生産にまで踏み込むのではないかとの憶測を呼んでいるのだ。

ただグーグルとアップルとの戦略には違いがありそうだ。両社とも自動運転車の研究には積極的だが、最終目標は違うとみられている。

グーグルのビジネスは、例えば検索サイトというプラットフォームを押さえて、広告ビジネスで収益化を目指すものだ。自動車産業においても自動運転システムで使われるOSを押さえ、プラットフォーマーとなり、ハードウェアをつくる既存の自動車メーカーから使用料を得ることがまず考えられる。MaaSのサービスのプラットフォームを築くこともできるかもしれない。実際のものづくりにまでビジネスを広げると収益力は下がる傾向が強いので、あえてハードウェアの世界にまで足を踏み込まないという見方がある。

一方のアップルはソフトウェアからハードウェアまでを垂直統合し、ユーザーをアップルの世界に囲い込み、収益力を上げてきた。スマホやパソコンのものづくりについては台湾の鴻海などにまかせたように、EV生産に踏み切る場合も既存の自動車メーカーに生産はまかせるとみていいだろう。

既存メーカーの最悪のシナリオは強大なプラットフォーマーの下請けになったり、自動運転を制御するOSや車載向けの情報端末のOSなどで支配されたりすることだ。

何しろGAFAの研究開発費は巨額だ。トヨタの研究開発費が年間1兆円超なのに対し、グーグルは2・4兆円（２０１８年）、アップルは1・6兆円（同）と大きく上回る。そんなハイテクの巨人たちとも自動車メーカーは戦わなくてはならない。

●「フィジカル企業」と「サイバー企業」の主導権争い

トヨタ自動車の自動運転技術やスマートシティづくりなど先進的な研究領域を担当するのが「ウーブン・プラネット（Woven Planet）」グループ。同グループが新体制になったことを祝うオープニングセレモニーが２０２０年1月29日に開かれた。そこで持ち株会社のジェームス・カフナーＣＥＯはこう興奮しながら語った。

「『アリーン』は私の夢です。スピーディで高品質なソフトウェア開発を可能にするツールを使い、プログラミング可能なモビリティのエコシステムを実現します」

「アリーン」は、新しいソフトウェアを開発するためのプラットフォームだ。アリーンを使うと、自動運転の開発やクルマを使った様々なサービスに関するソフトウェアの開発が効率的に実現するという。

同じような開発ツールはグーグルなども持っている。そうした巨大ＩＴ企業に負けじとトヨタは「アリーン」をトヨタ以外のメーカーにも提供する構えだ。

カフナー氏はトヨタに移る前はグーグルで自動運転プロジェクトを立ち上げた人物だ。米国のロボットやＡＩの研究を引っ張ってきたギル・プラット氏（現チーフサイエンティスト兼上級フェロー）とともにトヨタに入った。

なぜトヨタだったのか。

プラット氏が口にする数字に「１兆㎞」がある。トヨタグループの年間販売台数は約１０００万台。10年間でつくる１億台が年間に１万㎞走るとするなら、合計走行距離は年１兆㎞になる。それらの車に付けられたカメラやセンサーが取得する情報は膨大だ。そのビッグデータを活用すれば、自動運転の素晴らしいシステムが実現するとプラット氏もカフナー氏も考えた。

グーグルが自動車メーカーと連携し、自動運転技術を開発しているのも、リアルに走るクルマから得られる情報が欲しいからである。トヨタにはそのリアルで膨大な情報がある。それが２人には魅力的だった。だからこそ２人はトヨタに転じた。

ＩｏＴや「インダストリー４・０」といわれる技術の本質は、「サイバー」と「フィジカル」（あるいは「リアル」）との融合だ。いろんなクルマやスマホ、製造設備、街の防犯カメラなどのデバイスから得られるデータがインターネットを通じてクラウドに集められ、ＡＩ

が分析する。その分析結果に基づいて最適な新しい仕組みを見出し、リアルな世界で実現する――。それが今の技術開発が目指す方向性だ。

ＩｏＴやインダストリー４・０と呼ばれるデジタル技術が主導する時代になれば、ともすれば巨大ＩＴ企業がその旺盛な研究開発資金ゆえにフィジカル企業である自動車メーカーを傘下に収めるのではないかと受け止めがちだ。しかし今目指しているのは、サイバー・企業だけでも、フィジカル企業の代表格である製造業だけでも実現不可能な領域である。本来は双方が主従の関係ではなく、補完する関係になるはずだ。

もちろん両者がウィンウィンの補完関係を築くには、フィジカル企業はものづくりというリアルな世界で量と質を維持していなければならない。さもなければ、たちまち巨大ＩＴ企業の餌食になってしまう。

トヨタのウーブン・プラネットの挑戦は、巨大ＩＴ企業にのみ込まれまいという挑戦でもある。電動化に伴うグローバル競争は、巨大ＩＴ企業との熾烈なレースに突入している。

●国・メーカーごとに異なる戦略。試されるのは構想力

テスラのような挑戦的なＥＶ専業メーカーが存在し、これまでは全く競争相手ではなかった巨大ＩＴ企業も虎視眈々《こしたんたん》と覇権を握ろうとしているのが今の自動車産業である。そこにカーボンニュートラルを実現するという枠組みがはめられ、さらに激しさと複雑さとが増している。

すでに書いてきたが、カーボンニュートラルに向けた道筋は一本道ではない。脱炭素への道筋は、それぞれの国・地域が置かれているエネルギー事情、産業政策に左右される。中国やインド、日本など火力発電の比率が高い国では、ＥＶ化を急げば短期的にはCO_2排出量を増やす。

一方、ノルウェーのように電気をほぼ１００％水力発電で賄っている国では、ＥＶをどんどん走らせても発電所からCO_2が排出されることはない。そのためノルウェーの電動化率（２０１９年）は世界トップの68・３％を誇る。

ノルウェーのような国ならば電気で水を電気分解して水素をつくってもCO_2を排出することはないので、たくさんのＦＣＶも走らせられる。ＥＶとＦＣＶによる１００％の電動化も夢ではない。ノルウェーではＨＶやＰＨＶ、合成燃料などを使いながらカーボンニュートラルに向かうという選択肢はない。

ブラジルのようにサトウキビからつくるバイオエタノールを燃やして走るエタノール車

が3割程度走っている国ならば、バイオ燃料を今後も増やしていけば、エンジン車を禁止する必要はないのかもしれない。

世界の120か国以上が2050年のカーボンニュートラルを目指したとしても、世界中が電動化一色になるわけではない。グローバル市場を相手にしている自動車メーカーの場合、様々なクルマのラインナップを持ち、多様なエコカーを効率的に生産する仕組みをグループ内に持ち合わせていなくてはならない。

その点では高効率のガソリン車からＨＶ、ＰＨＶ、ＥＶ、ＦＣＶを品揃えとして持つトヨタやホンダは、グローバルなビジネス展開をするには優位な立場にあるという見方もできる。しかしこれまでのようにエンジン車を中心に据えて、フルラインナップを品ぞろえするのとは大違いの手間暇がかかる。

その点、米ＧＭの割り切りは大胆だ。2021年1月にメアリー・バーラＣＥＯは2025年までに電動車を30種類投入し、ＥＶの総合自動車メーカーを目指すことを明らかにした。バーラＣＥＯが就任した2014年以降、これまでの量的な拡大路線を転換し、独オペルを手放し、インド、タイからも撤退した。注力するのは米国と中国に絞った。

ガソリンエンジンの研究開発は提携しているホンダにまかせ、ＧＭはＥＶの開発に大半の資金を投入する構えだ。

日本勢でも日産はＥＶシフトに迷いはない。

日産は２０２１年1月、２０３０年代の早期に主要市場に投入する新型車をすべて電動車にすると発表した。そして2月末、パワートレイン（駆動装置）を統括する平井俊弘専務執行役員は電動車をＥＶと「ｅ－ＰＯＷＥＲ」に絞ると表明した。

ｅ－ＰＯＷＥＲには発電機を回すためにエンジンを搭載しているが、クルマの駆動には使わない（75ページ図表2－6参照）。ＨＶとはいえるがトヨタやホンダのＨＶとは異なり、むしろＥＶの派生商品だ。また電動車のＦＣＶやＰＨＶの開発には力を入れず、経営資源をＥＶに集中的に投入する戦略だ。

２０５０年までのグローバルな自動車産業の競争は、フルラインナップで多様な市場に対応するメーカー、電動車を絞り、限られた市場でビジネスを展開するメーカー、ＥＶに限るテスラのような新興メーカー、そして巨大ＩＴ企業が入り乱れる激しい競争状態となる。技術の優位性だけではなく、多くのプレーヤーと連携し、強みのあるプラットフォーマーに成長するという構想力をも問われる時代に入っていく。

第4章

電動化がもたらす、人とクルマと街の新しい関係

モビリティ革命で生活・仕事が一変！

1　トヨタ「ウーブン・シティ」という実験都市

未来の街の姿を探る実証実験都市の建設が静岡県裾野《すその》市で始まった。

２０２１年の「富士山の日」の2月23日。トヨタ自動車が未来のモビリティ社会を実証する「ウーブン・シティ（Woven City）」の鍬入《くわい》れ式が開かれた。鍬入れ式の会場からは雄大な富士の姿が間近にみえた。

建設地は２０２０年12月10日に生産を終了したトヨタ自動車東日本の東富士工場があった土地である。東富士工場は１９６７年、トヨタ東日本（旧関東自動車工業）の工場として建てられた。これまで「トヨタスポーツ８００」や「マーク２」、タクシー用の「クラウンコンフォート」、最高級車「センチュリー」などがつくられ、最後に製造ラインから出てきたクルマはタクシー専用車両の「ジャパンタクシー」だった。

●人もクルマもつながるカーボンニュートラルな街

自動車メーカーの工場跡地に新しい街をつくるプロジェクトは、「自動車をつくる会社からモビリティ・カンパニーへ変わる」というトヨタの未来像を体現する場となる。東京ドーム15個分に相当する約70・８万㎡の土地に、オープン当初は高齢者、子育て世代の家族、発明家ら約３６０人が住み、将来はトヨタの従業員や希望する住民２０００人以上が暮らすという。

Ｗｏｖｅｎ《ウーブン》は織るという単語Ｗｅａｖｅ《ウィーブ》の過去分詞。ウーブン・シティは網の目のような道が織り込まれた街という意味だという。街には3種類の道がつくられる。車両専用でスピードが速いゼロエミッション車が走る道、歩行者と遅いパーソナルモビリティが共存する道、歩行者専用で公園内の歩道のような道ができる。また地下には物流を担う完全自動運転車だけが昼夜行き交う道もつくる。

街の建物はカーボンニュートラルの木材でつくり、屋根には太陽光発電パネルを設置する。環境に負荷を与えないサステイナブルな街を目指す。住民は室内用ロボットなど新しい商品やサービスを使いながら、その実証実験に参加する。また住民が身に着けるセンサーのデータはＡＩが分析し、健康状態をチェックしてくれる。そんなにきめ細かく健康チェックをされても窮屈だとも思うが、ＡＩにデータを集め、見落としなく適時適切に健康状態を判断してくれるのが「未来の生活」というものか。

人と建物、そしてクルマがネットでつながり、得られるデータを活用し、街の環境負荷を少なくする。道の渋滞状況をみながら、スムーズなクルマの運行をＡＩが判断し、クルマの流れをコントロールする。そうした取り組みで暮らす人の生活の質を上げる街をつくるというプロジェクトだ。

自動車メーカーのトヨタだけでは完成しない街である。２０２０年3月にはＮＴＴがトヨタと提携し、スマートシティの社会基盤づくりに知恵を出すことになった。トヨタが国内の通信業者と提携するのはＮＴＴで3社目だ。ＫＤＤＩやソフトバンクとは自動運転などの分野で提携し、ソフトバンクとは２０１８年にＭａａＳ（サービスとしてのモビリティ）事業で合弁会社「MONET Technologies（モネ・テクノロジーズ）」を設立した。

豊田社長はウーブン・シティを「未完成の街」と呼ぶ。次々に起きる社会課題を解決しようとしたらゴールはない。常により良い街へとカイゼンを続けるという。カーボンニュートラルに向けて、モビリティ社会の在り方を模索する野心的なプロジェクトである。

●電動車はスマートシティの重要な構成要素

自動車の電動化が急速に進み、日本でも2035年には新車販売でガソリン車がなくなる日を迎える。その後もモビリティ社会は変化を続け、カーボンニュートラルにたどり着く2050年まで、電動化はさらに姿を変えていく。

自動車の電動化が進むと、エンジンを中心にすえた従来の自動車産業はガラリと変わる。なぜなら電動化と切っても切れない関係となるCASEのうちのC（コネクティッド）、A（自動運転）、S（シェアード&サービス）が進展するからだ。

自動車が人やモノを移動する機械としての役割だけを演じ、それぞれが独立した存在から大きく進化する。ネットにつながった自動車は情報のやり取りの結節点となり、様々なサービスを提供するデバイスに変わっていくだろう。

しかも温暖化を防いで持続的に私たちが地球で住もうとするならば、街は脱炭素のスマートシティへと変貌するだろう。そのとき、私たちが暮らすために使うエネルギーの大半は再生可能エネルギーとなり、再エネがつくる電気となる。その電気も効率よく使わねばならない。そこには電動車に搭載された大容量の電池に活躍するチャンスが生まれる。

トヨタ自動車の豊田章男社長が「トヨタは自動車をつくる会社からモビリティ・カンパ

ニーへと変わっていく」というのも、クルマはただ動く機械にとどまらず、サービス提供のデバイスであり、スマートシティを構成する重要な要素になっていくからである。

●ＩｏＴとＡＩが生み出す新しいサービス

21世紀に入って、インターネットの世界は大きく進歩した。インターネット上を行き交うデータや情報は膨張し、ＩｏＴ（モノのインターネット）の時代が到来した。インターネットにアクセスするのは人間だけではなく、防犯カメラ、複合プリンター、血圧や心拍数を測るウエアラブル端末、エレベーターなどの故障を感知するセンサーなどの様々な機器、つまりモノがインターネットにつながる時代になった。そこにクルマもつながっていくのがＣＡＳＥの時代である。

モノがインターネットにつながることで多様なサービスが可能になる。道路沿いに設置されたカメラがとらえるリアルタイムの道路状況は渋滞情報として活用される。渋滞情報に基づき、空いている道にクルマを迂回させれば渋滞は緩和する。

エレベーターや職場の複合プリンターにつけられたセンサーがモーターや部品の微妙な異常を感知し、その情報を基に壊れる前に部品を取り換えたり、保守整備したりするサービスはもう始まっている。

こうしたサービスに共通しているのは、ＩｏＴによって多くのデータを集め（ＩｏＴ化）、そのデータをＡＩが分析することで役立つ情報とし（知能化）、その情報を使って顧客のための新しいサービスづくり（サービス化）につなげていることだ。

自動車産業が今、躍起になって進めているＣＡＳＥも同じである。自動車がインターネットにつながることでＩｏＴ化が進み始める。集まってくるデータをどのように加工し、どのようなサービスに利用するかが今後のモビリティ・カンパニーの知恵の見せ所である。

ＣＡＳＥに自動車メーカーが関わることとは、自動車をつくることに経営資源を集中してきたこれまでの経営から抜け出すことだ。自動車が持つ機能とそれぞれのクルマが得るデータを活用しなければならない。モビリティ・カンパニーは、社会的課題を解決するサービスを生み出すアイデアと、ビジネスになりうる価値のサプライチェーンをつくり上げる実行力とが問われるようになる。

しかもそうした経営は自動車メーカー単独では実現できない。通信会社や電力会社などのインフラ企業、ＩＴ企業、飲食・物販・エンターテインメントなどのサービス提供企業など広範なネットワークを築かなければならない。だからこそトヨタがウーブン・シティで始める実証実験には、すでに個人・法人の約3000のパートナー希望者が応募しているのだ。

●「100年に一度の大変革」は100年ぶりのチャンスでもある

自動車が19世紀末に生まれて100年を超えた。人が自由に移動できるようになり、経済成長が実現した。その一方で自動車からはCO_2とNO_xなどの排ガスが放出されて地球環境は傷つき、交通事故で死傷する人たちは増えた。この100年で自動車は人類に移動の自由という恩恵を与えたものの、地球環境の破壊と交通事故の増加という災難をもたらした。自動車は人類に対して二つの「原罪」を抱えている存在なのだ。

自動車産業は「100年に一度の大変革」の時代を迎え、危機感が募っている。しかし別の角度から考えると、100年ぶりのチャンスが到来しているともいえる。

なぜなら自動車の電動化が進み、2050年にはカーボンニュートラルの実現という地球環境の悪化をストップさせるチャンスが生まれた。また完全自動運転の実現が目前に迫り、交通事故ゼロはもはや夢ではない。さらにIoT化とAIによるデータの知能化が新しいサービスを生み出そうとしている。

（図表4-1）　CASEがもたらすクルマの未来

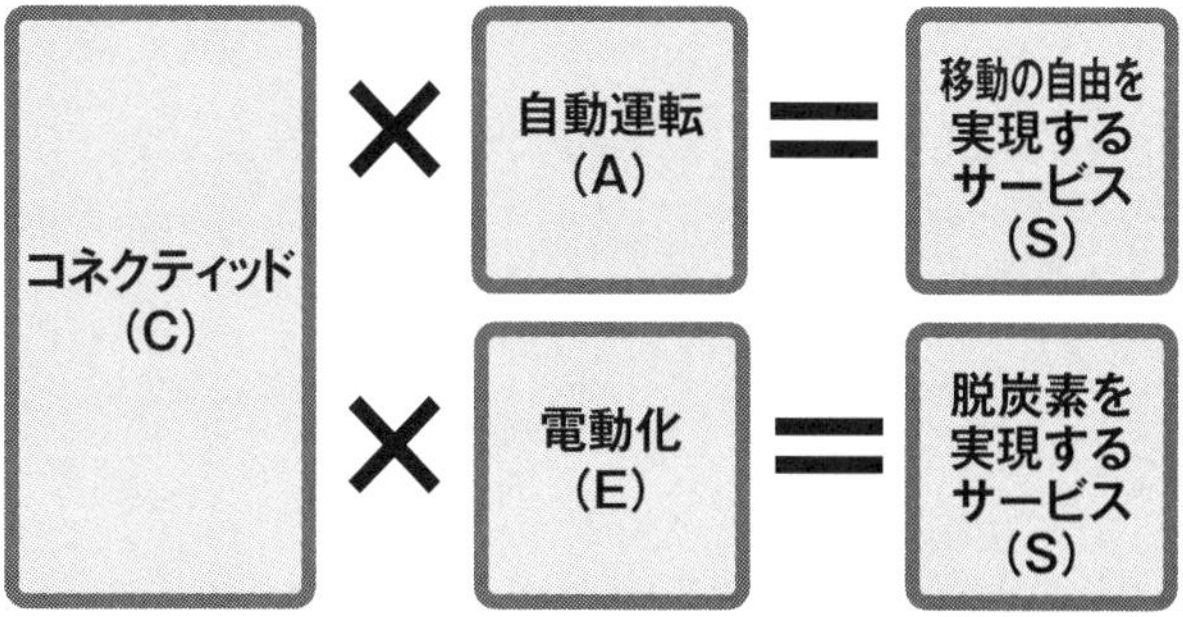

自動車のユーザーの立場からみると、自動車の誕生から１００年が経ち、新しいモビリティ社会が誕生し、人類が新たな恩恵を受けようとしている時代だともいえるのだ。

私たちがＣＡＳＥの進展で今後、どのような新しいサービスの恩恵に浴し、私たちの暮らしはどのように変わっていくのかを考えていきたい。

ＣＡＳＥは４つの構成要素が別々に機能するのではなく、相互に連携しながら機能している。簡単に整理すると①「コネクティッド×自動運転」が生み出すサービス、②「コネクティッド×電動化」が生み出すサービスに大きく分けられる（図表４－１）。

いずれもクルマがネットにつながっているということがサービスの基本である。

2 C（コネクティッド）×A（自動運転）＝移動の自由をもたらすサービス

●減る一方の地方の公共交通機関

公共交通空白地域という言葉がある。最寄りのバス停までは５００ｍ以上離れ、最寄りの駅までも１㎞以上離れている地域のことを指す。このような地域では自家用車かタクシーで移動しなければ、生活はままならない。２０１１年の国土交通省の調査によると、その面積は日本の国土で人が住める地域の約30％を占め、３万６４７７㎢に上る。広さは九州全体の広さに匹敵し、そこには７３５万人が住んでいる。

データが２０１１年度と少し古いのには理由がある。その後も国交省は調査しているのだが、「空白地域」となった地域の住民や自治体から公表を控えてほしいという要望が出たため、公表しなくなったらしい。最近はコミュニティバスのようなサービスが徐々に増えてはいるものの、こうした地域の現状はさほど変わっていないとみていい。

地域公共交通の経営環境の厳しさはバブル崩壊後の約30年間、ずっと続いている。この間に進んだ少子高齢化がバス会社や地方の鉄道会社の経営を直撃した。

乗合バスの輸送人員は1990年の年間65億人から2016年には42億人に減った。地域鉄道（新幹線、JR在来線、都市鉄道以外の鉄道）の輸送人員も1990年の年間5億1000万人から2016年には4億1000万人まで減少。その結果、6割以上のバス会社、7割以上の地域鉄道会社が赤字経営に陥っている。今後も地方での路線の廃止が避けられない情勢だ。

●地方や高齢者の「移動の自由」を確保するモビリティサービス

公共交通空白地域で将来、活躍するとみられているのが「ロボタクシー」だ。今は実証実験段階だが、運転手が不要な完全自動運転車を使って、指定した場所と時間にクルマが来てくれて目的地まで送ってくれるオンデマンドサービスである。

こうしたサービスは「コネクティッド×自動運転」で可能になる。トヨタがつくるウーブン・シティでも自動運転機能を持ったEV「e-Palette（イーパレット）」を使って始まるサービスだ。

ホンダは提携相手のGMとその傘下のGMクルーズ社と共同で、米国サンフランシスコ市内でロボタクシーの公道実証実験に2020年10月から取り組んでいる。国内でもGM、GMクルーズと21年中に自動運転モビリティサービス事業の実証実験を始める計画だ。

ロボタクシーのサービスは、現在すでに広がっているタクシーの配車サービスが原型となる。今は運転手が乗っているタクシーが完全自動運転車に置き換わるイメージだ。今でもスマホのアプリを使うと近くに何台ほどのタクシーが走っているかが分かり、迎えに来てほしい場所まで来てくれる。料金もスマホで決済できる。インターネットとタクシーがつながったからこそ実現したサービスだ。

現在、日本では米国で実証実験が始まったロボタクシーと配車サービスが一体となったサービスはまだないが、運転手が乗ったクルマによる様々な配車サービスは地方を中心に実証実験が進められている。実証実験では地方にどのような移動ニーズがあるかを把握し、どのようなシステムをつくればより効果が発揮できるかを探っている。

トヨタとソフトバンクは日野自動車、ホンダ、いすゞ自動車、スズキなど7社に声を掛け、2018年に合弁会社「MONET Technologies（モネ・テクノロジーズ）」を設立した。MaaS事業を共同で推進しようと設立した会社だ。社風が水と油のように異なるトヨタとソフトバンクが手を結んだものだから、発表当時は産業界を驚かせた。

その実証実験は全国各地で始まっている。

ＭＯＮＥＴ初の実証実験として群馬県富岡市でオンデマンド配車システムを導入したのを皮切りに、福島県国見町や愛知県みよし市、広島県福山市など全国各地で展開中だ。高齢者の病院への送迎や児童の学校への送迎などに活用されている。

興味深いのが長野県伊那《いな》市の取り組みだ。伊那市は長野県南部に位置し、南アルプスと中央アルプスに挟まれた町。定期的な通院が必要なのに交通手段が乏しく、「通院できない」「通院が負担だ」という高齢者が増えている。

そこで始まったのが医療機器メーカーのフィリップス・ジャパンとＭＯＮＥＴとの医療ＭａａＳ事業。看護師などの医療スタッフが乗車した移動診察車が患者の自宅に出向き、車内のテレビ電話で診療所の医者とオンラインで診察する仕組みだ。自宅にパソコンがなかったり、操作に慣れていなかったりする患者にもオンライン診療が可能になった。

医師は診療所にいたまま診察でき、高齢者の患者も自宅にやってくる診察車で受診できる。医師と患者の負担が同時に軽減できる仕組みだ。これもクルマが必要なスタッフと機材を載せて移動できるからこそ可能になったもので、モビリティサービスの一つである。

こうしたモビリティサービスはクルマが完全自動化されるとさらに進化する。そもそも少子高齢化で労働力不足が進む状況下で、運転手が減っている。クルマが完全自動化すれば労働力不足の問題も解決する。

問題はいつの時点で完全自動運転のクルマが実用化されるかだ。ホンダは2021年3月に自動運転レベル3の「レジェンド」を約1000万円で発売した。レベル3の市販車の販売は世界初である。

レベル3の自動運転は、システムがすべての運転操作を担うが、異常時にはアラームが鳴りドライバーが運転せざるを得ないレベルだ。その上のレベルとしては、特定の地域などの限定した条件下でシステムがすべての運転操作をするレベル4、無条件で完全にシステムがすべて運転操作をするレベル5がある（図表4－2）。

公共交通機関の空白地域で移動の自由を確保するにはレベル4以上の技術が必要だ。現状では2025年以降にレベル4以上の自動運転車が実用化されるとみられており、空白地域での移動の自由が最短だと5年ほどで取り戻せることになる。

●日本でも実証実験が始まった様々なMaaS

必ずしも「コネクティッド×自動運転」というモビリティサービスではないが、今後、

(図表4-2)　レベル４の社会実装は商用車が先行

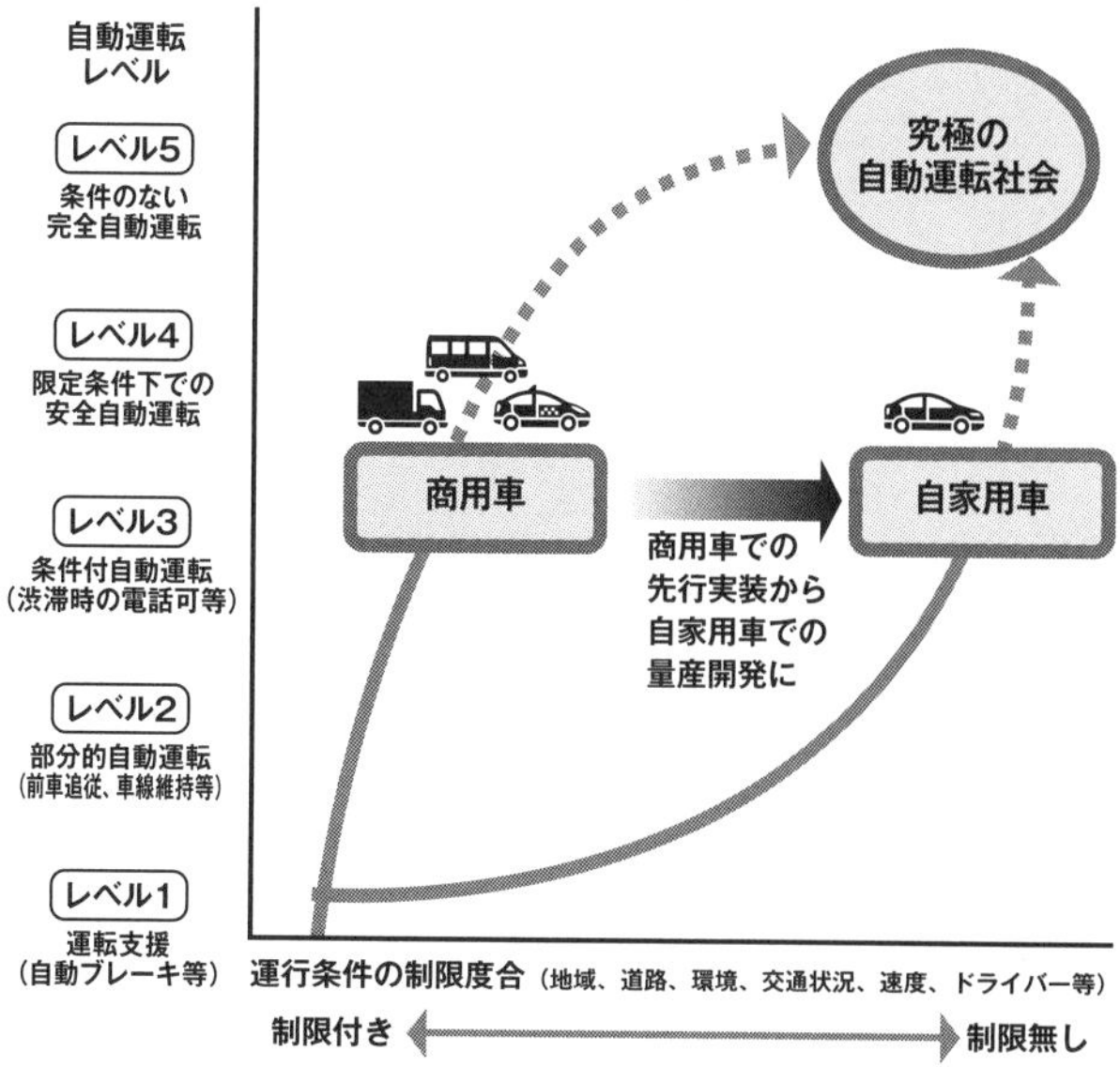

経済産業省資料を筆者が加工

私たちの暮らしを変える可能性があるサービスについて簡単に紹介する。

ドイツのダイムラーはすでに子会社の「moovel《ムーベル》」を通じて、いろんなモビリティを簡単に使えるサービスを展開中だ。moovelはダイムラーのカーシェアリングサービス「car2go《カーツーゴー》」と配車サービスの「mytaxi」、ドイツ鉄道の予約アプリ「DB」などがすべてワンストップで予約、決済ができるMaaSアプリだ。

car2goは小型車「スマート」のEVを道路沿いの駐車スペース

でピックアップして、目的地近くの駐車スペースで乗り捨てるカーシェアリングサービスだ。例えばベルリンのオフィス近くのカーシェアリングサービスで「スマート」に乗り、ベルリン中央駅に行って乗り捨てる。そこからドイツ鉄道の特急に乗り、フランクフルトまで列車で向かい、配車サービスを使って駅までタクシーを呼ぶ。取引先まではタクシーに乗る、という具合だ。この一連の予約が一つのアプリでできるようになっている。

このｍｏｏｖｅｌ」をプラットフォームとして使う取り組みが日本でも2019年に始まった。JR東日本、東急電鉄、伊豆急行、楽天などが参加して伊豆の観光型MaaS「Izuko」として実証実験をした。Izukoのアプリをスマホに入れれば、電車やバス、レンタカーの予約、観光施設のチケットや飲食店の予約が一つのアプリでできる仕組みだ。

将来、完全自動運転車がこうしたサービスに組み込まれれば、旅先でロボットタクシーに乗って家族で観光地を回ることもできる。不慣れな街を運転することもないから事故も減るだろう。

●クルマは「所有からシェア」が加速していく

自動車がインターネットにつながり、自動運転車になるとクルマの所有形態も変わるとみられている。

クルマがネットにつながることで、どこに利用されていないクルマがあるかが分かる。一方、クルマを使いたい人がカーシェアリングで未利用のクルマを使うので、クルマの稼働率は高くなる。すると都市の駐車場スペースが込み合うことは少なくなり、都市機能の効率は高まるだろう。

一方、完全自動運転車が登場するとどんな変化が起きるだろうか。レベル5や4の完全自動運転車の価格は発売当初は2000万円以上になるとみられている。個人で購入するには高い。もちろん高額所得者で新しもの好きの購入者はいる。だが自家用車は平均的には90％以上の時間、駐車場に止まっている。自家用車として完全自動運転車を保有しても、稼働率は極めて低く、無駄な買い物となる。

そのためレベル5や4のクルマの用途は、まずはロボタクシーなどの業務用に使われることが想定されている。ドライバーの人件費負担はなくなり、長時間、業務に使えるので稼働率は上がり、利益が確保できるからだ。

自動運転車を使ったＭａａＳ事業には様々なサービス関連企業が参入することが期待されている。そうなるとクルマは都市や地方のモビリティの利便性を高める「社会資本」となる。みんながクルマをシェアして使う時代が到来し、クルマを保有するニーズが薄れるかもしれない。

デロイトトーマツコンサルティングの試算では、年間1・2万km以上を運転するならばクルマを保有した方が得だが、それ以下であればカーシェアを利用した方が得だという。

交通エコロジー・モビリティ財団によると、カーシェアの車両台数は毎年20%前後の伸びを続け、最近の5年間で2・5倍の4万290台に増えた（2020年3月現在）。

モビリティサービスが、今後さらに豊富に提供されるならば、クルマをシェアして使うという傾向が強まる可能性は高いといえそうだ。

3　C（コネクティッド）×E（電動化）＝社会インフラを支える重要端末に

●クルマが電力インフラに欠かせない存在に

コネクティッドと電動化が掛け合わさると何が起きるだろうか？

クルマがネットにつながるだけでも様々な新しいモビリティサービスが生まれることはすでに書いた。電動化したクルマが充電設備を通じて送配電網につながると、クルマに搭載された大容量の電池は電気の溜め池のような機能を果たす。電力技術やITを活用して効率よく電気を供給する送配電網「スマートグリッド」の構成要素に車載電池はなりうる。

カーボンニュートラルの実現には、風力発電や太陽光発電のような再生可能エネルギー発電が増えなくてはならない。だが残念なことに再生可能エネルギー発電は天候に左右される。そうすると変動する発電量の調整弁がスマートグリッドには必要になる。その役割を車載電池が演じることができる。電動車、中でもEVは、再エネ発電が増えていったときには電力インフラにとって欠かせない存在になるはずだ。

それはそんなに遠い未来の話ではない。現在でもEVが電力インフラにつながることで様々な効用をもたらしている。

●一週間分の非常用電源にも

新聞社にいたころの同僚記者だった朝日新聞編集委員の石井徹さんが自身のEV体験談を書いている（「朝日新聞」2021年2月7日付朝刊）。「走る蓄電池、家計に貢献　E

V利用6年の記者は」と題した記事だ。

石井さんは6年前に初代日産リーフに乗り始め、その後2019年に発売された2代目リーフに乗り換えた。搭載されている電池の容量は初代の24キロワット時（kwh）から62kwhに増え、航続距離は500kmを超えた。

石井さんが初代を買ったとき、私は「まだまだ使い勝手が悪いよ。ずいぶん思い切って買ったもんだね」と冷やかしたことを覚えている。2代目は航続距離が長くなったので、外で充電することは少なくなり、充電スタンドの少なさは気にならなくなったという。しかし、EVがかつてに比べて増えたので、「充電スタンドで待たされることが多くなったのが不便といえば不便」とこぼす。

その石井さんはEVの効用を次のように書いている。


EVが働いているのは、走っている時だけではない。自家用車は止まっている時間が9割以上とされる。ガソリン車なら無駄な時間だが、EVは蓄電池として使える。

家庭用蓄電池は、5kwhで100万円以上する。EVは、その10倍以上の容量を備えた、まさに「走る蓄電池」だ。家族数で違うが、1日の世帯当たりの電気使用量は約10kwhと言われるので、停電時には約１週間分の非常用電源になる。

　車両価格は約４２０万円とやや高い。だが、メーカーによると、国や自治体の補助が、地域によって最大で１４０万円以上あるそうだ。約２８０万円なら、ガソリン車とさほど変わらない。ＥＶから住宅に電気を送るのには、専用の設備も必要。うちでは66万円かかったが、国と東京都から39万円の補助が出た。

　我が家へのＥＶの貢献で最も大きいのは電気代だ。うちでは夜間電力をＥＶに充電して昼間に使っている。昨年11月の電気使用量は約８００kwhで約１万２千円。夜間電力が１kwh約13円なのに対し、昼間電力は使用量によって約29～45円。ＥＶがなかったら約２万３千円余計にかかった計算だ。この差は大きい。ガソリン代もかからないので、元は取れている。


ＥＶを大容量の「走る蓄電池」として使えば、安い夜間電力をためて昼間に使うという家庭内の「スマートグリッド」を築くことができるのだ。ＥＶのお陰で電気を安く使えるようになり、停電時にはＥＶを非常用電源として使えば電気を使う生活が維持できる。大きな地震で停電になったときなどに役立つ機能だろう。

石井さんは「もうガソリン車に乗り換えるつもりはありません」と話す。EVライフを満喫している様子だった。

石井さんの自宅には2kwの太陽光パネルが設置されているが、もう少し大きい太陽光パネルで発電できれば、EVのために電気を電力会社から買わなくてもよい。エネルギーを地産地消し、自立したモビリティ社会を築くことも可能だ。トヨタのウーブン・シティも街の中で使うエネルギーを地産地消するスマートシティを目指している。

自動車の電動化、中でもEV化はモビリティを変えるだけではなく、家庭での電気の使い方を変えてしまうパワーを持っている。さらに各家庭のEVが電力の送配電網につながれば、一定地域の中で電気を効率的に融通するスマートグリッドのキーデバイスにもなる。EVはモビリティとして活躍するだけではなく、送配電網というインフラの一部になるポテンシャルをもっている。

●EVはスマートシティの端末になる

自動車の技術的なコンサルタント会社G-LABOの藤本幸人代表は「持続可能な世界

(図表4-3)　クルマは社会インフラを支える「端末」になる

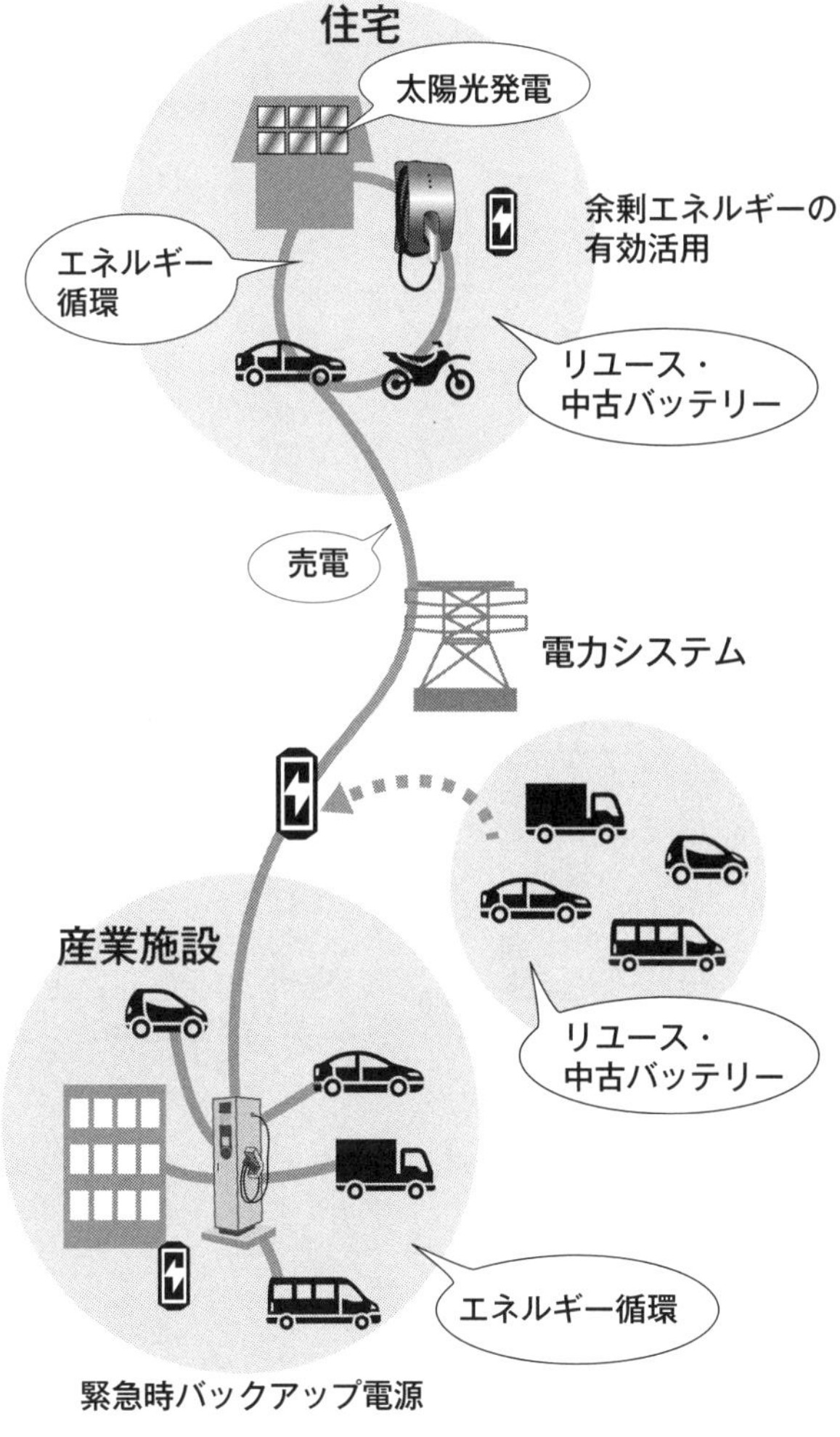

の実現が私の夢です。そのためには再生可能エネルギーに支えられたスマートシティが必要で、ＥＶはその端末になります」と話す。自動車が単なるモビリティから社会のエネルギーインフラを支える、なくてはならない「端末」になるという見立てである。

Ｇ－ＬＡＢＯはホンダを退職した研究者らが集まってつくった会社で、藤本さんはホンダでＦＣＶ（燃料電池車）の開発に取り組んだ。ホンダが２００８年にリース販売を始めたＦＣＶ「クラリティ」の開発責任者だった。「将来は軽自動車から大型車まですべてをＦＣＶに変えてみせる」と思っていたという藤本さんだが、今では少し考え方が変わったという。

「スマートシティは再生可能エネルギーを使うなどしてCO_2排出ゼロを目指す街。今後、スマートシティが増えてくると、ＥＶの利用価値はますます高まると思う。ＥＶに搭載される電池はＦＣＶよりも容量が大きく、街につながる『端末』として活躍する場面は増えるだろう」

藤本さんは大型車両や長時間高速で走るクルマ、重機などにはＦＣＶが使われると信じているが、街に住む人たちが気軽に使うクルマに限ればＥＶシフトが進むとみている。

今後は、クルマは移動するための機械という従来の概念から飛び出していくだろう。情報をやり取りしながら新しいサービスを提供する端末となったり、電気をためるという電力インフラの端末になったりする。そんな多様な役割をクルマは果たすようになる。

そのとき、私たちの暮らしの中でみえるクルマの姿は「スマートカー」を超えて「スマートマシン」といった方がいいのかもしれない。ある意味で未来のクルマは今よりも私たちの生活になくてはならない存在になっていくのではないだろうか。

●車載用電池の再利用で循環ビジネスも

クルマの電動化に必須となる電池のリサイクル、リユースを目指す動きがある。従来の自動車は廃車になれば鉄くずとなってしまう部品が多い。それに比べ電動車の中核部品である電池は、再生すれば社会でもう一度活躍できる場面がある。

ＥＶに最近、搭載されている電池の容量は40～60kwh程度。子どもを持つ家族の4～6日分の電力消費量と同等だ。リチウムイオン電池の劣化防止策がとられ、今では廃車時に回収される電池はほぼ全量が車載用向けやその他の用途の電池として再利用できるという。

日産自動車と住友商事が2010年に共同で設立した「フォーアールエナジー」はＥＶで使われた電池の再生・再利用事業に取り組んでいる。中古バッテリーを再生し、定置型の蓄電池にしたり、EVやEVフォークリフト向けの取り換え用電池にしたりして、電池をよみがえらせる事業である。

フォーアールエナジーの電池リサイクル工場がある福島県浪江町には2018年3月、中古バッテリーを使った外灯システムが設置された。昼間に太陽光パネルが発電した電気を定置型の再生蓄電池に充電し、その電気で夜間に外灯を照らす仕組みだ。また太陽光パネルを設置したセブン-イレブンの店舗に再生蓄電池を設置し、再生可能エネルギー100%の店舗運営に活用している例もある。

EVに搭載された電池は廃車後もカーボンニュートラルを目指す社会資本として再利用され、新しいビジネスを生んでいる。自動車産業は化石燃料を含む資源を大量に消費し、成り立ってきた産業だったが、電動化が進んでいくと燃料は再生可能エネルギーへのシフトが進み、電池などの部品もリサイクル、リユースできる「脱炭素」の循環型産業へと姿を変える可能性がある。

4　自動車が「スマートカー」になる日

ＣＡＳＥの発展による自動車の進化は、多機能化への進化である。インターネットとクルマがつながり、双方向で情報交換できるようになる。自動運転が実現するとクルマの中で運転以外の作業をしたり、読書や映画を楽しんだりすることもできる。そのうえクルマが止まっているときもしっかり蓄電池として働いてくれる。クルマはどんな暮らしを可能にしてくれるのだろうか。

●クルマは「4thplace」に

大手自動車部品メーカー「デンソー」は、「車はどんな役割も果たせる快適な空間になれる!?」と銘打ち、未来のクルマが持つ価値は「4thplace（第4の空間）」という価値だと提案している。

米国の社会学者レイ・オルデンバーグは家を「1stplace」、職場のオフィスを

「2ndplace」、カフェや公園など心地よい場所を「3rdplace」と呼んだ。そこから発展させてデンソーは車内を「4thplace」と名づけた。

空間の使われ方は近年、どんどん変わっている。ホテルは旅先で非日常を体験する場所だったが、リモートワークのお陰で「ワーケーション」として働く場にもなる。コロナ禍ではカラオケボックスがリモートワークの場所となる。同じようにクルマも移動のためだけの機械ではなく、多様な機能を持ち始め、車内空間の使われ方も変わっていく。

デンソーによると、乗員一人ひとりの状態や車内の環境をセンサーで認知し、あらゆる目的やシーンに合う快適な車内空間を提供できるという。例えば、渋滞にはまった場合、ドライバーが眠くならないように、ドライバーの脳の状態や心拍・血圧などを非接触で測り、軽い眠気を感じていると分かれば、刺激を与え、対処する。あるいは眠気が深ければ、音声で「サービスステーションでお休みください」と休憩を促すこともできる。

運転手の健康状態をチェックするセンシング技術と眠気や疲労を軽減する技術を組み合わせれば、車内にいる人をリフレッシュし、身体的にも精神的にも元気にする空間がつくれるという。クルマはリラクゼーションルームとして使えるかもしれない。

デンソーの商品企画の担当者は「自動運転技術が進めば、クルマの中で自由に仕事をしたり、子どもと遊んだりできるようになるでしょう。豪華な寝台列車のようなラグジュアリーな旅の体験をクルマの中で味わえるようになるかもしれません。これまでクルマは、ただ目的地までの移動手段に過ぎませんでした。しかし今後は、車内空間＝4ｔｈ ｐｌａｃｅで過ごすことが目的になりえます」という。

車内のような小さな空間で長く過ごしたくはない、という人はいるだろう。「読書は書斎でするし、音楽や映画はリビングで楽しむよ」とクルマに多くの機能を求めない人もいるはずだ。私もどちらかといえば、クルマが多機能になったとしても、「そんなに車内で過ごしはしないだろうなあ」と思う方だ。

だが将来、デンソーが提案しているような事態にならないとはいい切れない。アップルのスマートフォン「ｉＰｈｏｎｅ」が２００７年に登場したころの社会の反応を思い出してほしい。

●クルマの多機能化が私たちの生活を一変させる

ｉＰｈｏｎｅの国内販売は２００８年７月。発売直後の混乱ぶりは1か月ほどで収まり、騒ぎは沈静化した。当時の電器業界、通信業界の見方は「ケータイの方が使いやすい。スマートフォンはＩＴオタクが買うぐらいだろう」というものだった。

日本のケータイは後に「ガラパゴス・ケータイ（ガラケー）」と揶揄《やゆ》されるようになったが、素早く指１本でメールを送ったり、絵文字を使ったりする「ケータイ文化」をつくり上げた「すごい電話」だった。

ガラケーは電話ばかりか、メールを送受信し、「ｉモード」などの情報提供サービスも利用できたが、通信機の枠組みを大きくは超えていない。それに比べてスマホはガラケーの機能のほか、音楽も聴けて、映像もみられる。アプリを入れれば、動画を撮って編集もできる。パソコンのようにワード文書もパワポの資料もつくることができる。

つまりガラケーは通信機という範疇《はんちゅう》にとどまる単機能機といえたが、スマホはパソコンのような多機能機だったのである。

今考えれば、１台でガラケーの機能に加えて、パソコンやカメラ、ＡＶといった機能を持ち合わせたスマホの方が便利だと思えるが、ｉＰｈｏｎｅの発売当時は「そんなにたくさんの機能は使いこなせない。ケータイがあれば十分」という受け止めが一般的だった。

ところが10年経つとガラケーは駆逐され、スマホの天下となった。

もっと過去を遡れば、１９９０年代半ばまでワープロとパソコンが共存していた時期がある。使い勝手のいいワープロが登場した1980年代は、ビジネス文書を書く際はもっぱらワープロで、パソコンは技術者などが使う高機能機の位置付けだった。ワープロ市場で活躍した東芝やシャープの開発者らは「文書を書くには専用機のワープロが便利」とアピールしていたが、1990年代後半になるとワープロはあっけなく姿を消した。

デジタル機器の歴史をみると、単機能機が多機能機に駆逐される歴史である。消費者は最初、「やはり単機能機は使い勝手が良く、便利」と思うことが多いものの、技術の発展につれて1台で様々な機能があり、楽しみも多い多機能機に心移りしていった。

もちろん同じことがクルマの世界でも起きるとは断言できない。だがクルマが移動手段だけではなく、車内で健康にもなれ、リラックスも情報収集もできる空間を提供し、家の電気利用を効率よくする蓄電池にもなる存在と進化するならば、多くの消費者は「これは便利」と思い始めはしないだろうか。

電動化を端緒とするクルマの多機能化は、未来の生活を一変させる力を秘めていると思うのだ。

第5章

真の「グリーンモビリティ社会」への道

ガソリン車消滅は日本にとって新たなチャンス!?

1　EV vs 反EVの先にある世界

朝日新聞を広げて、その見出しにドキッとした。2021年2月13日の紙面に「ガソリン車がなくなる?」と題して3人の識者が持論を語る紙面をみたからだ。そのころ「ガソリン車が消滅する日」をテーマにこの本を執筆中だった私はタイトルをみて、「先にやられた」と思ったのだ。編集者からも「同じような問題意識の企画でしたねえ」と電話がかかってきた。みんな同じようなことを考えるものだから、仕方がないね、と思うしかない。

だが新聞記事を読んでみると、議論はよくある二項対立で識者らの意見はかみ合ってはいない。第2章で書いたが、そもそも議論の時間軸もそろっておらず、違う土俵に上がり一人で相撲を取って、「ダメな奴」と批判しているように思えた。

●時間軸と電源構成を抜きにしたEV論争の不毛

記事の中では自動車産業に詳しいアナリストの方と国際法・環境法の専門家の大学教授

の話が真っ向からぶつかり合っていた（〈　〉は私の独白）。

アナリスト曰《いわ》く、

「『電気が善で、ガソリンは悪』。こうした単純な図式に落とし込むことで人気取りを図るのは、ポピュリズムの特徴です」

〈ふむふむその通り〉

「『ＥＶは温室効果ガスを出さない』という理解も単純すぎます。走行中は排出ゼロかもしれませんが、走るために使う電気は、排出量が多い火力発電でつくったものかもしれません。発電時の排出まで考えれば、ＥＶ＝排出ゼロとは決して言えないのです」

〈確かにＬＣＡ（ライフサイクルアセスメント）でみると日本や中国ではそうですね〉

「ＥＶ、ＨＶ、ダウンサイジングで燃費を抑える軽自動車、水素を使う燃料電池車（ＦＣＶ）……。温室効果ガスを減らす車の技術は一つだけではありません。それぞれの可能性と限界を冷静・正当に評価し、地道で現実的な選択を積み重ねていくことこそが、脱炭素への早道なのではないでしょうか」

〈低炭素の段階ではまさに正論ですが、脱炭素の段階になると、ガソリンを燃やす軽自動車もＨＶも走れないいんじゃないかなあ？　２０５０年に忽然《こつぜん》となくなるのだろうか？　そ

の道筋は?〉

脱炭素に至るまで低炭素の努力を続けている間の話なら、このアナリストのおっしゃる通りだが、脱炭素が実現した後の話はまた別だ。合成燃料やバイオ燃料が普及しない限り、低燃費のガソリン車もHVも走れないことは第2章で詳しく書いたが、どの段階の議論をされているのかが明確でないから腑に落ちない部分が残った。

一方の大学教授曰く、

「『脱ガソリン車』は、もはや世界の潮流です」

〈それはそうですね。でも世界の潮流というだけで変革するのはちょっと危なくない?〉

「もはやEV化の流れを止めることは難しい。近い将来、『車といえば電動車』という時代が来るのは間違いありません」

〈EV化はどんどん進むと思いますよ。でも電動車にはHV、PHV、FCVもあるのですが、それらはどうなるの?〉

「自動車業界からはCO_2の排出量を抑制するという観点で考えると、『EVがよいとは言い切れない』という意見が出ています。電動車は、製造時の排出量が増える可能性があるという指摘もあります。ただ、間違いなく言えるのは、ガソリンは燃やせば必ずCO_2

が排出されますが、製造時も走行時も、CO_2を排出しない電気の選択によって『脱炭素化』が可能だということです」

〈EVの方が製造段階から含めると日本、中国、インドなどではCO_2排出量は多いです。この指摘は自動車業界もしていますが、もともとはIEAの試算です。日本の場合、CO_2排出ゼロの電源構成になるのはいつごろだろうか。そこが知りたいな〉

難癖をつけているようでごめんなさい。新聞の談話は記者がまとめるので、お二人はもっと様々な条件を考慮して丁寧にお話になっていたかもしれない。ただ紙面を読む限り、双方が自分の頭の中で描く、それぞれの時間軸と電源構成を前提に語る内容になっているから、話がかみ合っていない。

もしもお二人への朝日新聞のインタビューが「再エネ発電比率が高くない時期に電動化を進めるにはどうすればいいんでしょうか？」「再エネ発電が増えてきたらHVの出番は徐々になくなっていきますが、そのとき自動車産業はどうなりますか？」などと丁寧に問いかけていたら、もう少し議論がかみ合い、建設的な提案ができたのではないかと思う。

●ＶＵＣＡの時代に求められるもの

しかも今はＶＵＣＡ《ブーカ》の時代だといわれる。Volatility（変動性）、Uncertainty（不確実性）、Complexity（複雑性）、Ambiguity（曖昧性）が増すばかりだ。今の時代に正しく将来を予測するのは難しい。

思わぬイノベーションが起きるかもしれない。合成燃料を簡単につくれる触媒がみつかれば、電動化を進めなくても脱炭素社会にたどり着けるかもしれない。時々刻々と変化する政治、経済、技術、消費者の嗜好など多くの変数が変わる状況の下で正解をみつけるのはかなりの難問である。

そんなややこしい状況の下で、すでに足を踏み入れている２０２０年代はそれなりに確からしい予測ができる。現在国内の自動車保有台数は約８０００万台、世界には14億台を超える自動車が走っている。そのうちＥＶは1%にも満たず、99%以上はエンジンを積んだ自動車である。今後、電動車にシフトしていくが、現時点ですぐさま全部がＥＶに置き換わらないのも現実だ。しばらくはＥＶの他、燃費の良いガソリン車やＨＶ、ＰＨＶにも置き換えながらCO_2を削減する選択肢は理にかなったものだろう。

自動車産業の実証研究の第一人者である藤本隆宏早稲田大学教授（前東京大学教授）は「日本経済新聞」の経済教室（２０２１年１月７日付）で「『ＥＶ派か反ＥＶ派か』といった白黒二元論は、20年代の温暖化問題に対し有効な全体解をもたらさない」と明快だ。

藤本教授は今の時代についてこうみている。

「インターネットやスマホでＳＮＳから情報を得る時代は、『短く強く格好よい言説』は魅力的ですが、危険でもあります。隠れた制約要因はないのか、別の目的とバッティングしないかなどあれこれ考えてみることが大事です。不確実性や複雑性が非常に高い状況では、概して単一のあてずっぽうの予測よりは多面的な思考の方が意思決定の役に立つものです」

向こう10年ほどについては、ＥＶ派も反ＥＶ派も雌雄を決することはできないだろう。ＨＶにこだわる日本を「ガラパゴスだ」と批判し、揶揄《やゆ》する言説も足元の現実をみていない。かといって脱炭素を目指す限りは、ＨＶもＰＨＶも永遠に走り続けられるわけではない。第2章でも触れたが、おそらく日本においてもＨＶは２０３０年代後半には競争力を弱め、減少に向かっていくだろう（ただこの予想は合成燃料などガソリン代替燃料が普及すれば、外れるかもしれないが）。

2030年代に入ればEV派vs反EV派の論争は意味をなさなくなるだろう。電池の進化もあり、EVが本格的に普及期に入るとみられるからだ。日本にとって必要なのは、それまでに再生可能エネルギーを十分増やし、急激にEVシフトが進んでもCO_2の排出量が急増しないように電源構成を見直すことだ。発電所開発のリードタイムは長い。新しい送電網もつくらなければならない。立地開発から稼働まで10年以上かかることはざらである。それをまず急がねばならない。

●電力のグリーン化が遅れれば、新たな空洞化のリスクも

日本の電源構成を再エネ発電に急いでシフトしていかないと、EVが増やせないばかりか自動車産業の空洞化を招く恐れがある。主要国の多くは2050年でのカーボンニュートラルを宣言しているので、製造段階を含めた脱炭素、つまりLCA基準での「CO_2排出ゼロ」を実現する必要がある。環境政策に積極的なEUなどは2050年にはLCAでCO_2排出ゼロの自動車以外はEU域内での販売を禁止するとみられている。

もしもそのとき、日本の電源構成が完全な脱炭素に達していなければ、その電気で生産した自動車は、たとえ走行中にCO_2を排出しないEVであってもEUでは売れないこと

になる。他の国も同じような政策をとると、日本の自動車メーカーは輸出できなくなり、EU域内などに工場を移転させざるを得なくなる。日本の中核的な輸出産業である自動車産業で新たな空洞化が起こりうる。

日本自動車工業会の会長でもある豊田章男氏（トヨタ社長）は2021年3月11日に記者会見し、「エネルギーのグリーン化が必要だ。つくっても誰にも使ってもらえなくなる。もしも自動車輸出ができなくなれば、70万～100万人の雇用に影響が出る。エネルギー政策と産業政策をセットで考える必要がある。その際、自動車をど真ん中に置いていただきたい」と訴えた。

2050年にカーボンニュートラルを実現するグリーンモビリティ社会をつくり上げるには、自動車の電動化問題ばかりかエネルギー政策、主要国の動向なども丁寧にみながら、総合的な答えを探る努力を続けることが何より大切なのだ。問題のややこしさにかまけて、エイヤと早合点するのは危険である。ややこしさに耐えなければ正解にはたどり着けない問題なのである。

2　ワクワクする未来のモビリティ社会のために

丁寧に議論さえすれば2050年に脱炭素を実現するグリーンモビリティ社会にたどり着けるかというと、それだけでは私は覚束ないと思う。計画づくりにおいて発想の転換が必要だろう。

先述したアナリストと大学教授などに代表される議論の前提条件を考えると、今の現実から未来をみつめていることに限界がある。

「現時点ではEVを増やしても必ずしもCO_2の排出量は減らない」「世界がEV化へと動いているのに日本はHVにこだわっている。ガラパゴスになりかねない」「再エネ発電で日本は遅れており、相当の時間がかかる」……。いずれも今の現実を直視した意見としては傾聴に値する。

だが足元の現実ばかりをみているので、遠い未来を眺めるとゴールまでの道のりの長さにうろたえてしまいがちだ。2020年代ならばまだ確からしい予想ができ、計画をつくることができそうだが、その先は不確実性が多くなり、途方に暮れてしまいそうになる。

●「バックキャスト」で未来を考える

ではどうしたらいいのだろうか。

2020年に3回にわたって開かれた経産省が主催する検討会の席上で興味深い発言があった。経産省がトヨタ、日産、ホンダの技術担当役員、大学教授など学識経験者らを集めて2030年以降のモビリティの構造変化と自動車政策について話し合った。ある委員がこんな発言をしている。2020年9月の検討会のことである。

「自動車産業は日本の重要産業です。このポジションを維持するためには、イノベーションを実行しなければいけない。長い目でみると究極目標を設定し、そこからバックキャストする。究極目標は誰もが合意できる反対が出ないもの。事故ゼロ、ゼロエミッションのようなものです」

発言の中で触れられた「バックキャスト」は最近、注目されている考え方だ。バックキャスティングともいわれ、「未来はこうあってほしい」というビジョンから現在を振り返り、その間にどんな制約があるのか、制約を解決するにはどんなイノベーションが必要か、そのようなイノベーションを起こすことに焦点を当てて考え、実行する行動様式だ。

ライドシェアサービスを始めたＵｂｅｒ《ウーバー》や民泊をネットで広げたＡｉｒｂｎｂ《エアビーアンドビー》などのサービスはバックキャスティングの手法で生まれたといわれ、長期的な地球環境問題を考えるときにも有効だとされている。

それに対して今を起点に考え、行動するのは「フォアキャスティング」。こちらは現在の延長線上にある未来にゴールするには効果的で、堅実な考え方だ。しかし不確実で変化が激しい時代の未来は現在の延長線上にはないことが多い。イノベーションが創造的破壊を起こして、非連続な変化が生まれるからだ。

経産省の検討会で指摘があったように、私たちが今、目指しているのはゼロエミッションの「脱炭素社会」であり、自動運転や多様なモビリティサービスで実現する「交通事故死ゼロ社会」や誰でもどこでも自由に移動ができる「移動弱者ゼロ社会」である。

こうした目標自体は多くの人が望んでいるものに違いない。実現できたならワクワクする未来像となる。

その未来像を２０５０年に実現するにはどうすればいいのかと、まずは考える。これまでに書いてきたように脱炭素、カーボンニュートラルのためには２０５０年時点ではＥＶ

とＦＣＶだけが道路を走っているはずだ（場合によっては、合成燃料やバイオ燃料を燃やして走るＨＶやエンジン車も走行可能）。

そこから自動車の平均的な保有期間を考え逆算すれば、消費者は２０３０年後半になると新車購入の際にＨＶやＰＨＶなどガソリンを燃やすクルマから離れ始めるだろう。自動車業界もそれを前提に事業構造を変えていかねばならない。ホンダが２０４０年までにすべての新車をＥＶとＦＣＶにすると発表したのも、バックキャスティングで考えたからだ。

そのためにはエンジン部品を供給する企業の事業転換、それに伴い発生する雇用問題の解決などの方策を考えなければいけない。同時に電源構成も再エネ発電を増やさなくてはならない。

いずれも企業や業界、監督官庁の壁を越えなければならない難問ではある。だが「ワクワクする未来」のためには、どう乗り越えるかをワクワクしながら考える中から新たなイノベーションが起きると前向きにとらえるのがバックキャスティングだ。

フォアキャスティングは現実から思考がスタートしていくので、難問にぶつかると「やはり難しいなあ」と後ろ向きになりがちだ。

カーボンニュートラルに向けた30年にわたる、ひょっとしたらもっと長い道のりかもしれないモビリティの変化を考えるとき、目の前の問題解決を積み上げただけではゴールにたどり着けないかもしれない。「理想の姿」を夢に描き、夢に向かって動き出すという心構えがないと前向きなアイデアも取り組みも生まれない。まずはモビリティ社会の未来がワクワクするものだという共通認識を、自動車メーカーだけではなく政治、行政、そして消費者などすべてのステークホルダーが持つことが大切だろう。

2020年秋から年末にかけて突然、首相官邸を発信源とした「2050年カーボンニュートラル宣言」、それに伴う「2035年に全車を電動化する」という「理想の姿」は、少なくも消費者も含めたワクワクする共通認識にはなっていない。まず政治家や自動車業界、エネルギー業界など産業界がもっと「理想の姿」を語らねばならない。

●変化に対応するアジャイルな態勢を

カーボンニュートラルに向けた取り組みは30年の歳月がかかる長期プロジェクトだ。60歳を超えた私にとっては、生きているうちにゴールを見届けることができるかどうかも分からない。バックキャストでみてもフォアキャストでみても長いものは長い。

誰もが当面の行動計画が欲しいと思うので、政府のグリーン成長戦略にも分野別の行動計画がつくられている。ただ自動車・蓄電池産業の工程表は２０２０年末に書かれたものをみる限り、２０３０年以降は白紙の状態である。合成燃料が低価格で大量に普及するために必要な技術イノベーションが見通せなかったり、全固体電池の普及スピードが分からなかったりするからだ。それは仕方ないことだ。

そんな状況で「理想の姿」に挑むとき、私たちに必要な心構えは、状況が変われば計画を見直すことを厭《いと》わない、という姿勢だろう。過去の公共事業や原子力行政のように計画が始まったら、もう止められず、方向転換もできないというのでは、理想のゴールにはたどり着けそうにない。なにしろカーボンニュートラルに向けた取り組みは、何度も書いてきたように変数が多い連立方程式を解くようなものだ。画期的なイノベーションが起きれば局面は大きく変わる。

アジャイル開発という手法がコンピューターソフトをはじめ、様々な技術開発の分野で主流になりつつある。アジャイル（agile）は素早い、俊敏な、を意味する形容詞。従来の「ウォーターフォール」という水が上から下に流れるように整然とした開発手法とは違う。ウォーターフォールは当初に決められた開発テーマを逐次的に進めていくものだが、今やプロジェクトの途中で顧客のニーズや取り巻く環境が変化する。そのためアジャイル開発では、その過程での学習成果、イノベーション、変化を取り込む姿勢を重視し、臨機応変に開発を進めていく。

カーボンニュートラルへの取り組みもまさにアジャイル開発そのものだと思う。自動車の電動化だけをみていても道を誤る。電源構成の変化を念頭に電動化の方向も見直さなければならない事態も起きる。もしも安価な合成燃料が普及すれば、エンジンが復活するかもしれない。決められたことをただ着実に進めるだけではゴールにはたどり着けない難しさがある。

政府が先導して始めたカーボンニュートラルの取り組みは、国の予算の使い方から始まり、官民の協議・協力体制の在り方、消費者が願う未来像を政策に取り込む方策を根本から見直すきっかけになりうるものである。

3 「理想の未来」を一致させることの重要性

トヨタの企業内訓練校「トヨタ工業学園」の卒業式が2021年2月18日に愛知県豊田市のトヨタ本社で開かれた。250人の卒業生たちの中には「電動化が進むと私たちの仕事はどうなるのか」と心配する声もあったという。

卒業式の後に開かれた豊田章男社長と記者たちのオンラインでの記者懇談。そこで豊田社長は「自工会（日本自動車工業会）はカーボンニュートラルに全面的に協力する」と語ったうえで、雇用への影響に触れた。

●エンジン車がなくなると19万人の雇用喪失

「2050年にはエンジン部品は製造できなくなるともとれる。自動車の部品は3万点あるといわれているが、エンジンの生産がなくなると3分の1にあたる1万点の部品がいらなくなる。それを雇用に換算すると19万人の雇用が失われる。2050年までにできる限り、お国の政策、産業政策をどうするか、働く意欲がある人を教育し、働く場を提供することが必要だ。急に2050年になるわけではないので、それまでのロードマップとして何をするかをまとめることが大切だ」

コロナ禍のビフォー・アフターで国内の雇用は93万人減ったのに、自動車産業の雇用は11万人増えたという。豊田社長には「自動車産業が日本の頼りになっているのは確か」との自負がある。だがカーボンニュートラルに向けた電動化の加速が自動車産業に突き付ける現実に、豊田社長はなんとも言えないやるせなさを感じている様子だった。

政府にはこう釘を刺した。

「全産業で前向きに取り組んでいかねばならない。ところが産業ごとに監督官庁が異なり、それぞれが予算をとって、みんながしっかりやっていると言う。しかし、まだタイミングも、方向性もばらばらのまま。このままでは国として2050年を迎えられません。国としてシンクロしてほしい」

欧米や中国は自動車の電動化ばかりかカーボンニュートラルや産業政策、エネルギー政策をパッケージで変革しようとしている。欧州では産業構造が変わるにつれて失う雇用への対策もすでに打っている。それに対し、日本は昨年秋から年末にかけて2か月でまとめた「グリーン成長戦略」があるだけだ。しかも行動計画をまとめたのは経産省が中心だったので、環境省など他の省庁は深く関われなかった。

まとめた経産省の中も同床異夢である。一気にＥＶ化を進めたい官邸サイドに擦り寄った経産省の官房部門と、ＥＶ一辺倒ではない電動化を進めようとする自動車業界を担当する製造産業局との間には温度差がある。またエネルギー政策についても再エネ発電を強く推し進めたいグループと、この機に原発を再稼働させたい原発派が経産省内にはあり、それぞれの思惑でグリーン成長戦略をとらえている。

目指すべき「理想の姿」を一致させ、それに向かってアジャイルに取り組む態勢とはいいがたい。グリーン成長戦略こそ官邸主導で縦割りを排して、国として一体となって総力戦で取り組むべき政策なのだが、菅政権にはその強い意欲は今のところみえてこない。

●「市場の力」を借りるアイデアも

国に強い意志がみられなければ、「市場」を使う手もある。市場の判断は一般的には正しい方向に向かうが、すべて正しいという保証がないのが悩みどころではある。だがカーボンニュートラルへの取り組みを数値化して「見える化」すれば、取り組みの速さや遅さ、良し悪しを市場が判断し、企業や国に変革を迫っていくことができる。

例えばカーボンプライシングはすでに環境省と経産省で導入に向けた議論が始まっている。CO_2の排出量に税金をかける「炭素税」や「排出量取引」などが方法としてある。排出量取引は企業ごとに排出量の上限をあらかじめ決めて、排出削減に努力して上限を下回れば、枠が売れ、上限を上回れば枠を買って埋め合わせる制度だ。

こうした制度を入れると企業の取り組みや国の取り組み状況がよく分かる。カーボンプライシングは、投資家がどの企業や国への投資を増やすべきか、減らすべきかの判断の根拠になる。国や企業は投資家からお金が集まらなくなると困るので、CO_2の排出削減に前向きに取り組まざるを得なくなる制度だ。市場の力でカーボンニュートラルに向けて国や企業を動かそうとする試みだ。

こうした制度は経済界には経済成長の足かせになるという考え方が根強いが、自分たちが選んだ「理想の姿」に向かって背中を押してくれる手段だと思えば、前向きにとらえることができる。総力戦で取り組むための制度になりうると思う。

4 「ガソリン車が消滅する日」とは

トヨタ生産方式を体系化したのはトヨタの機械工場長などを歴任した大野耐一《たいいち》氏だ。大野氏がトヨタではどうして「なぜ」を5回繰り返すのかをこう説明している（『トヨタ生産方式』ダイヤモンド社）。

たとえば、機械が動かなくなったと仮定しよう。

（1）「なぜ機械は止まったか」
「オーバーロードがかかって、ヒューズが切れたからだ」

（2）「なぜオーバーロードがかかったのか」
「軸受部の潤滑が十分でないからだ」

（3）「なぜ十分に潤滑しないのか」
「潤滑ポンプが十分くみ上げていないからだ」

（４）「なぜ十分くみ上げないのか」
　「ポンプの軸が摩耗してガタガタになっているからだ」
（５）「なぜ摩耗したのか」
　「ストレーナー（濾過《ろか》器）がついていないので、切粉が入ったからだ」
　以上、５回の「なぜ」を繰り返すことによって、ストレーナーを取り付けるという対策を発見できたのである。

「なぜ」を繰り返すことによって問題の本質に迫れ、というのが大野氏の教えの一つである。１回の「なぜ」で分かった風にならず、常識を疑うということにつながっていく。２０５０年に向けてチャレンジングな取り組みをしようとするときも、１回の「なぜ」で分かったと思うのは禁物だ。

●軽自動車のＥＶ化は本当に難しいのか？

　毎年発売されている自動車のうち軽自動車は最近では４割に迫る。しかも軽自動車は地方の人にとっては生活の足であり、とても重要なモビリティである。日本の自動車の電動化問題でネックになっているといわれるのが、この軽自動車の存在だ。

軽自動車を電動化する際の問題点は前にも書いたが、小さな車体の中にＨＶならエンジンとモーター、電池を配置しなければならず、難しい。しかも高くなる。ＥＶにしようとすれば電池をたくさん積まないと航続距離が長くならない。やはり２００万円を超えるので、高過ぎる。

だから自動車の電動化を進めようとすると、軽自動車の存在がネックになる、という見方が「常識」となっている。本当にそうだろうか？

第2章でもご登場いただいた初代日産リーフの電池開発者であり、現在はベンチャー企業の代表を務めている堀江英明さんは「私は軽自動車こそEV化に向いていると思います。また軽のＥＶ化が地方の移動弱者といわれる人を助けるとみています」と断言する。

その理由は次のようなものだ。軽自動車の1日の平均的な走行距離は20㎞ほどなので、1回の充電で３００㎞も４００㎞も走る必要はない。せいぜい１００㎞～１５０㎞も走ることができれば日常の不便さはない。１５０㎞走らせるためには電池の容量は20kwh程度。中国製なら30万円程度、日本製でも60万円程度で収まる。

ＥＶの場合、車体価格の３分の1が電池コストといわれるので、航続距離は短くてもよいと割り切れば、1台100万円台に十分収まるというのが堀江さんの考えだ。電池の量を少なくしているので、製造段階で排出されるCO²も少なくなるという効果もある。

しかも地方のガソリンスタンドは廃業が増えており、ガソリンスタンドまでの距離が10㎞もあるという地域はざらにある。それに対しEVなら自宅で充電できるのでガソリンスタンドにも行く必要はなくなる。「地方に住む人にとってEVは福音になるはずです」と堀江さんは指摘する。

軽自動車のEV化がCO²の削減と地方の移動弱者の解消という一石二鳥になるという考え方も成り立つ。常識を疑い、消費者の本当のニーズに合わせた電動車をつくれば新しい価値を生み出せるかもしれない。

●日本が進化するチャンス

自動車の電動化を進めるとき、日本の再生可能エネルギーの少なさが指摘され、今後も欧米などに比べて急増させるのは難しい、という見方も多い。そういう「常識」が日本にはあるので、再エネ発電として世界的に期待が集まっている洋上風力についても「日本は力不足」と予測する識者が多いが、本当だろうか。

識者曰く、「日本の周りの海洋は欧州に比べて遠浅海岸が少なく、海底に直接風車を立てる着床式が建設できる場所が少ない」。わかりやすい言説である。

だが2020年7月に初めて開かれた洋上風力の産業競争力強化に向けた官民協議会で、興味深い数字が出された。日本の周辺海域で建設可能な着床式風力発電のポテンシャルは約128ギガワット（一般的な原発100基分以上）だという。出席した梶山弘志経産相は「投資拡大にチャレンジする事業者を全力で応援したいと思います」と述べ、赤羽《あかば》一嘉《かずよし》国交相は「知恵を出すのが得意な経産省と汗をかくのが得意な国交省が力を合わせれば最強のパートナーになります」とエールを交換した。

洋上風力を増やそうとしている会議の数字だから割り引いて考えた方がよかろうが、ポテンシャルの10分の1でも原発10基分ほどの着床式の洋上風力発電ができるという数字だ。洋上風力の技術は欧州が日本より大きく先行しているという。再エネ発電の国内唯一の上場企業で秋田沖での洋上風力発電の建設計画に関わっているレノバによれば、「欧州で蓄積されたノウハウは、これから参入する日本の洋上風力発電に活用できる。欧州よりも速いスピードでコストダウンを実現できるとみている」（木南陽介《きみなみようすけ》社長）。先行者に学ぶことができる後発者としてのメリットを活用できるというのだ。

「2050カーボンニュートラル」と自動車の電動化問題は、2020年末に降ってわくように現れた。だが前向きにとらえれば、自動車産業がこれまで抱えてきた二つの原罪(環境負荷と交通事故)を100年ぶりに克服できるチャンスが到来したとみることができる。また今後30年にわたり再エネ発電を誘致できる地方の活性化策にもなる。日本には技術蓄積が少ない風力発電の部品製造や組み立て・建設といった新しい産業を生み出す力も秘めている。

豊田社長が懸念するような自動車産業が失う雇用も少なくはないだろう。だが今後30年の間に生まれる新産業を雇用の受け皿とし、痛みを最小化する努力を続けるしかない。ウーブン・シティの挑戦もその努力の一つだろう。

「ガソリン車が消滅する日」は「理想の姿」へのマイルストーンである。グリーン経済へと日本が進化するチャンスととらえたい。

おわりに

この本の執筆を進めた2021年の年明けから春にかけて、自動車業界をめぐる動きは時々刻々と変わり、「おわりに」を書いている今も動きは止まらない。

4月22日からオンラインで開かれた気候変動サミットで、バイデン大統領は温室効果ガスを2030年までに「50〜52%削減する」(05年比)と表明した。菅首相も従来の目標値を見直し、2030年までに「46%削減する」(13年比)と踏み込んだ。

4月23日にはホンダの三部《みべ》敏弘社長が「2040年までに世界で売るすべての自動車をEVとFCVにする」と宣言した。日本メーカーが得意なガソリン車やハイブリッド車から手を引き、完全な電動化へと大きく舵を切った。期限を切って、完全な電動化を表明したのはホンダが初めてである。

一方、日本自動車工業会の会長でもあるトヨタ自動車の豊田章男社長は4月22日に開かれた自工会の会見で、合成燃料を普及させればガソリン車やハイブリッド車もカーボンニュートラル実現後も走ることができると、EV化一辺倒の動きに改めて釘を刺した。

カーボンニュートラルをゴールにしたカーレースは始まったばかりで、ゴールまで目が離せない状況が続く。その意味でこの本は現時点での一断面に過ぎないかもしれない。本書で書いたように画期的なイノベーションが起きれば局面が大転換することもある。ただ重要なのは私たちが目指しているのは産業や生活をグリーン化し、持続可能な地球に戻すという「理想の未来」であるという点だ。どんなルートであってもその頂《いただき》にたどり着きたいと思う。

この本は新聞記者時代から長年お付き合いしてきた多くの自動車業界関係者との意見交換から得た知見がもとになっている。そのすべての方々に感謝したい。

昨年の12月25日のクリスマス。プライム涌光の中野和彦編集長からこの本の打診を受けた。昨年秋以降の電動化議論の急展開に興味を抱いていた私は中野さんの申し出に背中を押され、年明けから一気に執筆に入った。編集作業でもとてもお世話になり、お礼を申し上げたい。「理想の未来」にたどり着けることを祈り、ひとまず筆をおく。

安井孝之

青春新書
INTELLIGENCE

こころ涌き立つ「知」の冒険

いまを生きる

〝青春新書〟は昭和三一年に——若い日に常にあなたの心の友として、その糧となり実になる多様な知恵が、生きる指標として勇気と力になり、すぐに役立つ——をモットーに創刊された。

そして昭和三八年、新しい時代の気運の中で、新書〝プレイブックス〟にその役目のバトンを渡した。「人生を自由自在に活動《プレイ》する」のキャッチコピーのもと——すべてのうっ積を吹きとばし、自由闊達な活動力を培養し、勇気と自信を生み出す最も楽しいシリーズ——となった。

いまや、私たちはバブル経済崩壊後の混沌とした価値観のただ中にいる。その価値観は常に未曾有の変貌を見せ、社会は少子高齢化し、地球規模の環境問題等は解決の兆しを見せない。私たちはあらゆる不安と懐疑に対峙している。

本シリーズ〝青春新書インテリジェンス〟はまさに、この時代の欲求によってプレイブックスから分化・刊行された。それは即ち、「心の中に自らの青春の輝きを失わない旺盛な知力、活力への欲求」に他ならない。応えるべきキャッチコピーは「こころ涌き立つ〝知〟の冒険」である。

予測のつかない時代にあって、一人ひとりの足元を照らし出すシリーズでありたいと願う。青春出版社は本年創業五〇周年を迎えた。これはひとえに長年に亘る多くの読者の熱いご支持の賜物である。社員一同深く感謝し、より一層世の中に希望と勇気の明るい光を放つ書籍を出版すべく、鋭意志すものである。

平成一七年

刊行者　小澤源太郎

著者紹介

安井孝之〈やすい　たかゆき〉

1957年兵庫県生まれ。Gemba Lab代表、ジャーナリスト。早稲田大学理工学部卒業、東京工業大学大学院修了。日経ビジネス記者を経て、88年朝日新聞社に入社。東京経済部・大阪経済部の記者として、自動車、流通、不動産、財政、金融、産業政策などをおもに取材。東京経済部次長を経て、2005年編集委員。17年に退職し、現在に至る。東洋大学非常勤講師。著書に『これからの優良企業』（ＰＨＰ研究所）、『日米同盟経済』（共著、朝日新聞社）などがある。

2035年《ねん》「ガソリン車《しゃ》」消滅《しょうめつ》

青春新書
INTELLIGENCE

2021年6月15日　第1刷

著者　安《やす》井《い》孝《たか》之《ゆき》

発行者　小澤源太郎

責任編集　株式会社プライム涌光

電話　編集部　03(3203)2850

発行所　東京都新宿区若松町12番1号 〒162-0056　株式会社青春出版社

電話　営業部　03(3207)1916　振替番号　00190-7-98602

印刷・中央精版印刷　製本・ナショナル製本

ISBN978-4-413-04623-7

©Takayuki Yasui 2021 Printed in Japan

本書の内容の一部あるいは全部を無断で複写(コピー)することは著作権法上認められている場合を除き、禁じられています。

万一、落丁、乱丁がありました節は、お取りかえします。

こころ涌き立つ「知」の冒険！

青春新書
INTELLIGENCE

弘兼流 やめる！生き方	弘兼憲史	PI・602
会社を離れても仕事が途切れない7つのツボ	伊藤賀一	PI・603
ウイルスに強くなる「粘膜免疫力」	溝口 徹	PI・604
認知症グレーゾーン 「人の名前が出てこない」だけではなかった	朝田 隆	PI・605
感情を〝毒〟にしないコツ 心と体の免疫力を高める「1日5分」の習慣	大平哲也	PI・606
日本の神様の「家系図」 あの神様の由来と特徴がよくわかる	戸部民夫	PI・607
英会話 言わなきゃよかったこの単語	デイビッド・セイン	PI・608
脳科学者が教える「ストレスフリー」な脳の習慣	有田秀穂	PI・609
ボケたくなければ「奥歯」は抜くな	山本龍生	PI・610
リーダーとは「言葉」である 行き詰まりを抜け出す77の名言・名演説	向谷匡史	PI・611
自衛隊メンタル教官が教える 心をリセットする技術	下園壮太	PI・612
科学的根拠 「エビデンス」の落とし穴	松村むつみ	PI・613
自分で考えて動く部下が育つすごい質問30	大塚 寿	PI・614
血糖値は「腸」で下がる 腸からインスリン・スイッチをオンにする生活習慣	森 豊 松生恒夫	PI・615
最速で体が変わる「尻《しり》」筋トレ 1日5分！ 世界標準の全身ビルドアップ術	弘田雄士	PI・616
〝スカノミクス〟に蝕《むしば》まれる日本経済	浜 矩子	PI・617
教科書の常識がくつがえる！ 最新の日本史	河合 敦	PI・618
ビジネスが広がるクラブハウス	武井一巳	PI・619
語源×図解 くらべて覚える英単語	清水建二	PI・620
ストレスの9割は「脳の錯覚」 思考グセに気づけば、もっとラクに生きられる	和田秀樹	PI・621
還暦からの人生戦略 最高の人生に仕上げる〝超実践的〟ヒント	佐藤 優	PI・622
2035年「ガソリン車」消滅	安井孝之	PI・623

※以下続刊

お願い ページわりの関係からここでは一部の既刊本しか掲載してありません。折り込みの出版案内もご参考にご覧ください。